"aero-naut" Modellbau
Stuttgarter Strasse 18-22
D-72766 Reutlingen
www.aero-naut.de

aero-naut

W0370304

Sie sind auf der Suche nach Zubehör für den historischen Schiffsmodellbau? Suchen Sie nicht länger - finden Sie was Sie suchen!

Unser komplettes Lieferprogramm mit ca. 7.000 Artikel finden Sie in unserem Katalog, den Sie im Fachhandel oder über Internet erwerben können. Lieferungen erfolgen nur über den Modellbau-Fachhandel. Bezugsquellen weisen wir Ihnen gerne nach.

Fregatte Unicorn
Länge ü.a. 725 mm
Breite 150 mm
Höhe ü.a. 670 mm

Beschlagsatz Unicorn:
Blöcke doppelt und einfach von 3mm bis 12mm (insg. 341 Stück), Juffern von 3mm bis 12mm (insg. 130 Stück), 91 Belegnägel, 21 Klampen, 38 Ringösen, 18 Ringbolzen, 7 Takelnadeln, 6 Seilrollen, Racks mit Schlieten und Klotjes, 30 Geschütze, 4 Stockanker, Schiffsglocke, 2 Beiboote, 26 Geländerstützen, 3 Laternen, englisches Wappen, Rosettenzierband, 60 Stückpfortenbeschläge, 8 Speigats, Fahnen und Takelgarn in 7 Stärken (ca. 133 Meter).

Sämtliche Beschlagteile und viele weitere sind auch einzeln erhältlich!

Historischer Schiffsmodellbau
mit aero-naut

La Capitana di Venetia
Länge ü.a. 900 mm
Breite 152 mm
Höhe ü.a. 560 mm

Santa Elena
Länge ü.a. 725 mm
Breite 150 mm
Höhe ü.a. 670 mm

Historischer Schiffsmodellbau

www.aero-naut.de

Wolfram zu Mondfeld

Enzyklopädie des historischen Schiffsmodellbaus

Titelübersicht

Band 1	Modelle und Vorkenntnisse
Band 2	Material und Werkzeug
Band 3	Der Rumpf
Band 4	Die Ausrüstung
Band 5	Boote und Kleinfahrzeuge
Band 6	Sichtbare Schiffsmaschinen
Band 7	Masten und Rahen
Band 8	Taue, Blöcke und Segel
Band 9	**Stehendes Gut**
Band 10	Laufendes Gut
Band 11	Allerlei Exoten
Band 12	Flaggen, Lexikon und Nachträge

Neckar-Verlag GmbH
78008 Villingen-Schwenningen

Der Autor:

Wolfram zu Mondfeld, mit vollem Namen Wolfram Prinz zu Löwenstein-Wertheim-Freudenberg-Mondfeld, gilt seit über 35 Jahren international als ***der*** Spezialist für historischen Schiff- und Schiffsmodellbau. Bisher hat er 41 Bücher (in fast alle Weltsprachen übersetzt) veröffentlicht, zahllose Fachartikel zum Thema geschrieben und über 30 Modelle gebaut, die heute, neben anderen Museen, größtenteils im Deutschen Technikmuseum in Berlin ihren endgültigen Ankerplatz gefunden haben. Die BERLINER ZEITUNG nannte ihn „Europas Modellbau-Papst". DIE WELT fasste es so zusammen: „Der Autor erweist sich als Koryphäe für die Geschichte des Schiffbaus und Schiffsmodellbaus, wie es wohl keine andere gibt." 2003 wurde Wolfram zu Mondfeld für seine außerordentlichen wissenschaftlich-künstlerischen Leistungen mit dem Verdienstorden der Bundesrepublik Deutschland (Bundesverdienstkreuz) ausgezeichnet.

Die Herausgeberin:

Barbara zu Wertheim (Prinzessin zu Löwenstein-W.-F.-M.) ist seit einem Jahrzehnt mit dem Autor verheiratet. Sie ist heute eine ebenso kompetente Autorin, Herausgeberin und begeisterte Modellbauerin wie ihr Gatte.

Das Buch:

Die ENZYKLOPÄDIE DES HISTORISCHEN SCHIFFSMODELLBAUS ist Theorie und Praxis des früheren Schiffbaus, speziell aufbereitet für den Modellbauer – vom Anfänger bis zum Spitzenkönner.

In den 12 Bänden dieser ENZYKLOPÄDIE kommen sämtliche irgendwie relevanten Themen zur Sprache: Quellen und Materialkenntnisse, Arbeitstechniken und Tricks, originale Bautechniken, Proportionstabellen und heutige Werkzeuge für Modelle, deren Zeitbogen sich vom mehr als 10.000 Jahre alten, eiszeitlichen Jägerfellboot bis zum dampf-/segelbetriebenen Passagierschiff der Mitte des 19. Jahrhunderts, vom europäischen 74-Kanonen-Zweidecker und der eleganten Fregatte bis zur chinesischen Futschou-Dschunke zieht.

Ausgestattet mit Tausenden (buchstäblich) von Zeichnungen, Ansichten und Rissen, sowie Hunderten von Fotos erstklassiger Modelle, mischt sich in dieser ENZYKLOPÄDIE optimal das Wissen eines exzellenten Fachhistorikers mit den Kenntnissen eines nicht weniger brillanten Modellbauers, um für den Bau maßstäblicher und exakt detailgetreuer Schiffsmodelle zu vermitteln.

Wolfram zu Mondfeld

Enzyklopädie des historischen Schiffsmodellbaus

Herausgegeben von **Barbara zu Wertheim**

Band 9

Stehendes Gut

Neckar-Verlag GmbH
78008 Villingen-Schwenningen

Kein Autor schreibt ein Buch allein.

Doch in aller Regel ist kein Platz, um auch einmal den vielen Helfern „hinter den Kulissen“ offiziell zu danken. Da diese ENZYKLOPÄDIE jedoch zwölf Bände umfasst, sind wir in einer einmalig erfreulichen Situation.
So widmen wir diesen Band Frau Gabriele Lechner und Frau Sabrina Lechner vom Schongauer Copy Center, die mit steter Freundlichkeit und liebevoller Geduld die abertausende (buchstäblich!) von Kopien für die Ausstattung der Bände betreuen.

ISBN 978-3-7883-1614-3

Gestaltung und Layout: Wolfram zu Mondfeld und Barbara zu Wertheim

Printed by Baur Offset, Lichtensteinstraße 76, 78056 Villingen-Schwenningen

Inhaltsverzeichnis

Die PREUSSEN von 1902 war das einzige Fünfmastvollschiff, das je gebaut wurde. Der Begriff „Windjammer" hat mit dem Deutschen „jammern" übrigens nichts zu tun, sondern kam aus dem Englischen „to jam" = „pressen", da man diese Schiffe für zu schwerfällig hielt, weshalb man sie brutal „an den Wind pressen" müsse – ein Irrtum, den die „Flying-P-Liner" (PUDEL, PROFESSOR, PASSAT, PAMIR usw.) der Reederei von Ferdinand B. Laeisz glanzvoll widerlegten. (Modell von Gebhard Kammerlander, Herford, restauriert und neu aufgetakelt im Deutschen Technikmuseum, Berlin)

Vorwort

Masten und Stengen waren einem enormem Winddruck ausgesetzt. Und so stabil sie sein mochten, ging das eben nicht, ohne sie seitlich und nach vorn und hinten entsprechend mit Tauwerk abzustützen und zu stabilisieren.

Das Prinzip blieb sich seit der frühesten Antike durch alle seefahrenden Völker dieser Erde bis zum heutigen Tag gleich, auch wenn man dafür (gar nicht einmal so sehr) unterschiedliche Methoden verwendete.

Dieser Band soll Sie also darüber informieren, was an Tauwerk benötigt wurde, um auch bei schlechtestem Wetter Masten und ggf. Stengen in Position zu halten – eben das „Stehende Gut".

Unabhängig davon möchte ich nochmals eine Erklärung abgeben.

Sie haben es ja längst bemerkt:
Mein Herz schlägt nun einmal ganz besonders für jene Modellbauer, die nicht nur nach Pläne – von Baukästen ganz zu schweigen (!) – ein „nettes" Modellchen nach Anweisung zusammen basteln, welches dann letztlich auf dem Fernseher friedlich vor sich hin verstaubt.
Wahrlich nichts gegen solche braven und oft wirklich akkurate „Bastler"!

Aber Sie kaufen diese Enzyklopädie doch wohl auch darum, weil Sie *genau* wissen wollen wie dieses oder jenes Teil tatsächlich ausgesehen hat – und wie man es optimal herstellt.
Sie sind also ein echter „Modellbauer", und eben nicht nur ein „Bastler"!

*Mastbruch, ob durch Unwetter oder Feindeinwirkung, war die ultimative Katastrophe für jedes Segelschiff. Ohne Vortrieb und damit auch nicht mehr auf das Ruder reagierend, wurde es zum hilflosen Spielball der See.
Und dann stand vielfach der Tod auf dem Vorschiff wie auf dem flämischen Stich von 1485 mit dem Titel „Le Voltigeu de la Mort ou Le Vaisseau Fantome" (Der Todesreiter oder das Gespensterschiff).
(Stich im British Museum, London)
Deshalb versuchte man, die Masten und Stengen so gut als möglich mit Wanten, Stagen und Pardunen abzustützen.*

Entschuldigen Sie also, wenn ich immer wieder einmal versuche Sie in „unbekannte Gewässer“ zu locken für Modelle, die eben *nicht* auf jedem Fernseher herumstehen!
Dazu braucht es freilich *Informationen*, die mitunter allenfalls nur in ganz speziellen, seltenen Fachbüchern zu finden sein mögen.
Entschuldigen Sie also, dass so manches Teilkapitel etwas ausführlicher gerät – und dass gilt nicht nur für diesen Band!
Die eventuelle Takelung des „Ladby-Schiffes“ aus dem 10. Jahrhundert mag Ihnen völlig egal sein. Aber auch die Bentinck-Wanten amerikanischer und oft auch englischer Kriegsschiffe des 18. Jahrhunderts – Ihrer vielleicht *bevorzugten* Epoche?
Ich kenne das Problem selber ja nur allzu gut: Da baut man ein Modell, von dem man glaubt eigentlich alles zu wissen. Und dann tauchen Details auf, die man *eben doch* nicht weiß! Soll ich da nun dem Plan blind vertrauen – aber wirklich gute Pläne sind, wie öfter schon gesagt, äußerst rar – oder doch selber in Dutzenden von Büchern (die selbst in großen Bibliotheken oft nicht zu bekommen sind) recherchieren?
Natürlich kann ich auch in dieser ENZYKLOPÄDIE nicht jedes ganz spezielle Detail jedes ganz speziellen Schiffes bringen. Aber immerhin soll sie eine komprimierte Anlaufstelle nicht nur für die häufigsten Probleme sein, sondern auch für solche, die vielleicht nur der eine oder andere Modellbauer wissen möchte.
Also verzeihen Sie mir, wenn ich immer wieder einmal einen ausführlicheren Ausflug in weniger bekannte Details (die besonders schwierig zu beschaffen sind) vor allem älter Schiffe mache.

Kampf der legendären US-Fregatte CONSTITUTION (rechts hinten) gegen die britische Fregatte GUERRIER (links vorne) 1812. Als nach eben einmal 25 Minuten des Gefechts ihre Masten herunter geschossen waren, blieb der GUERRIER nichts anderes übrig, als sich bewegungsunfähig, zu ergeben.
(Gemälde von Michele Felice Corné im Museum U.S. Naval Academy Museum, Annapolis/Maryland.)

Stehendes Gut

Mit Stehendem Gut werden all jene Taue bezeichnet, die der Abstützung der Masten nach vorne, hinten und den Seiten dienen.
Wie im Vorwort schon gesagt gab es dafür zwar die unterschiedlichsten Methoden, doch das Prinzip blieb stets das Gleiche.

Im europäischen Raum war das Stehende Gut bis in die zweite Hälfte des 15. Jahrhunderts relativ einfach, man fuhr, was man wirklich benötigte.
In der zweiten Hälfte des 15. Jahrhunderts und insbesondere im 16. Jahrhundert wurde das Stehende Gut reichlich kompliziert. Da tat man vielfach entschieden mehr, als eigentlich sinnvoll war. Die Renaissance war ja nicht nur eine Rückbesinnung auf die Antike, sondern vor allem auch der erste Schritt in ein technisches Zeitalter. Man schwelgte förmlich in neuen technischen Möglichkeiten mit 16 Watenpaaren etwa am Großmast, doppelten und dreifachen Hahnepotenzügen an Besanrute, Stengestagen und Backstagen, lateinischen Mars- und Bramsegeln an Besan- und Bonaventurmast, auch wenn man seine Schiffe damit oft wirkungslos übertakelte.
Das 17. Jahrhundert unter der Führung Hollands, Englands und Frankreichs räumte mit diesem Wust an Tauwerk auf und reduzierte das Stehende Gut wieder auf das tatsächlich Notwendige und Nützliche.
Im Hinblick auf die ständig wachsenden Masthöhen und Segelflächen vermehrte das 18. Jahrhundert, außer bei den Stagen, die Anzahl der Taue zwar nicht, benutzte aber zunehmend stärkere Dimensionen für die einzelnen Taue des Stehenden Gutes.
Im 19. Jahrhundert schließlich, mit seinen oft extrem hoch getakelten Schiffen, reichten die bis dahin üblichen Hanftaue vielfach nicht mehr aus, so dass man das Stehende Gut nun oftmals ganz oder teilweise aus Stahlseilen anfertigte.

Modellbau

Mit dem Takeln des Stehenden Gutes arbeitet man im Modell sinnvollerweise am besten von Bug nach Heck und von unten nach oben, bei Wanten und Pardunen stets abwechselnd ein Tau Steuerbord und ein Tau Backbord.
Also: Bugsprietzurring – Wasserstag – Bugstag – Klüver-Geitaue – Fockseitentakel – Fockwanten (steuerbord – backbord – steuerbord – backbord usw.) – Fockstag – Großseitentakel – Großwanten – Großstag – Besanseitentakel – Besanwanten – Besanstag – Vorstengewanten – Vorstengepardunen – Vorstengestag – Großstengewanten – usw. usw. …

Wie im originalen Schiffbau, so ist auch im historischen Schiffsmodellbau das Anbringen des Stehenden Gutes eine etwas komplizierte, manchmal sogar nervenaufreibende Angelegenheit. Nicht so sehr wegen der kniffeligen Tauzüge, sondern weil eine ganze Reihe von Tauen aufeinander abgestimmt werden müssen. Das ganze Stehende Gut beruht auf dem Prinzip von Zug und Gegenzug.

D.h. nicht nur alle Taue müssen straff gespannt sein (also wirklich einen gewissen *Zug* haben), es müssen auch all jene Taue berücksichtigt werden, die einen Zug in die Gegenrichtung ausüben.

Conditio sine qua non (Bedingung ohne Ausnahme) ist dabei, dass die Masten und Stengen exakt in der *Mittelliene* des Schiffes stehen und auch von Fuß bis Topp den *korrekten Fall-Winkel* zu KWL haben!

Ein Beispiel möge dies erläutern: Die Wanten ziehen den Mast nach hinten. Setzt man sie an und spannt sie fest, so bekommt der Mast einen leichten Überhang heckwärts. Versucht man dies nun mit einem entsprechend kräftigen Gegenzug des Stags wieder auszugleichen, so werden unweigerlich die ersten Wantenpaare nur noch locker hängen. Bei Stengen kann dies durch die geringeren Dimensionen der Rundhölzer noch schlimmer werden.

Trick

Setzen Sie zunächst das hinterste Wantenpaar (bzw. Pardunenpaar) und das zugehörige Stag steif – und zwar auf Ihrem *gesamten* Modell!
Jetzt stehen Masten und Stengen *optimal!*
Und erst nun binden Sie die Jungfern in die übrigen Wanten bzw. Pardunen ein und setzen diese steif. Mit dieser Methode erreichen Sie am sichersten, dass die Jungfern später sauber in einer Linie stehen (s. auch Kapitel Wanten). Bedenken Sie aber stets, dass die Schnüre Ihrer Takelage immer noch, wenn sie steifgesetzt werden, in der Länge ein wenig nachgeben, d. h. ein bisschen länger werden. „Gewaltsames" Durchholen bringt dabei gar nichts, zerrt den Mast und vor allem Stengen nur wieder allenfalls aus dem Lot! Lieber also die Jungfernzurrings nochmal vorsichtig aufschneiden und die Jungfer ein winziges Stückchen höher oder tiefer nochmals ansetzen.

Am Ende muss das gesamte Stehende Gut tatsächlich „stehen", d. h. ebenso nach den Seiten wie nach vorn und hinten einen eindeutigen *Zug* haben, ohne deshalb Masten und Stengen zu verbiegen!
Lassen Sie sich mit dieser Arbeit Zeit! Durch falschen oder einseitigen Zug schief stehende oder gar verbogene Masten und Stengen ruinieren Ihr Modell ebenso wie schlaff hängende Wanten, Pardunen und Stage!
Durchaus sinnvoll ist es dabei, alle Taljen und Taljereeps zunächst nur mit ein bis zwei Schlägen (die man notfalls relativ leicht nochmals aufdröseln kann) festzulegen. Erst wenn das gesamte Stehende Gut optimal montiert und aufeinander abgestimmt ist, sollte man diese Teile endgültig mit entsprechenden Schlägen montieren, mit Klebstoff (ideal PONAL) sichern und alle überflüssigen Tauenden abschneiden.

Erst jetzt sollten auch Taue mit Hahnepoten an den Stagen angesetzt werden. Wenn sie diese nun ein wenig nach oben ziehen, so geht das in Ordnung, denn so war das auch in der Realität.
Über das „Ausweben" der Wanten – eine echte Geduldsarbeit! – s. Kapitel Wanten.

Tauwerk Farbe

Das Tauwerk des Stehenden Guts war – außer den Taljereeps und Taljen – dick mit Teer eingeschmiert, um es möglichst haltbar gegen Witterungseinflüsse zu machen. Die Farbe war Dunkelbraun bis schwärzliches Dunkelbraun, jedoch niemals ein echtes *Schwarz*, wie auf vielen Modellen zu sehen.

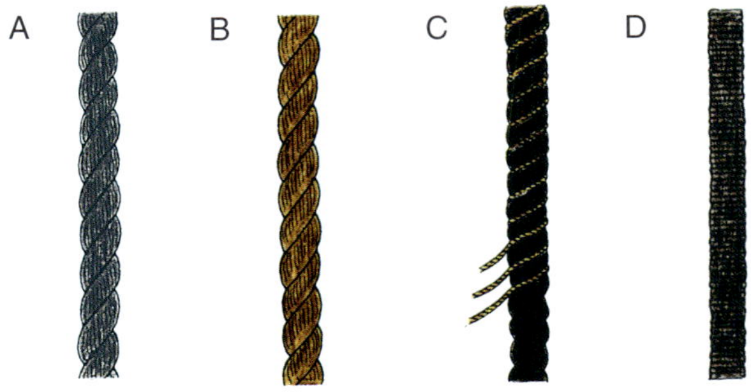

Taufarben: A. dick geteertes Tau (Stehendes Gut, Kleidungen und Zurrings), B. dünn geteertes Tau (Laufendes Gut und Taljen), C. gewurmtes Tau (die „Würmer" wurden ebenfalls dunkel geteert, im Modellbau sollte man sie trotzdem heller lassen, damit man sie überhaupt erkennen kann), D. gekleidetes Tau (stets dunkel geteert).

Stahltaue und Ketten kamen erst allmählich nach der Mitte des 19. Jahrhunderts in Gebrauch, wobei zu beachten ist, dass – wie beim Stehenden Gut – die Ketten des Laufenden Gutes niemals mit Stegen versehen waren. Ketten waren grundsätzlich geschwärzt.

Modellbau

Noch mehr als beim Stehenden Gut sind Ketten beim Laufenden Gut (s. Band 10) oft sehr schwach dimensioniert. Die im Modellbauhandel angebotenen Messingketten eignen sich dafür meist nicht! Da sie nur *gepresst* und nicht *gelötet* sind, reißen sie beim Steifsetzen nur allzu leicht (und das passiert regelmäßig!) dann drohen auch dem geduldigsten Modellbauer die Nerven zu reißen! Besorgen Sie sich also lieber gleich bei einem Juwelier entsprechende *gelötete* Silberkettchen, die Sie dann selbstverständlich entsprechend schwärzen müssen (s. Band 2 Material und Werkzeug, Kap. Metall färben). So teuer ist das auch wieder nicht (so viel brauchen Sie ja nicht davon), aber Ihr Modell und Ihre Nerven werden es Ihnen zweifellos danken!

Belegen des Stehenden Gutes

Da das Stehende Gut in aller Regel auf See nicht gefiert werden musste (allenfalls wenn es nach einem Seegefecht oder einem wirklich schweren Sturm allzu zerzaust war), belegte man die Taljen und Taljereeps mit ein paar Schlägen an dem Tau selber und schnitt es kurz ab (s. z. B. Kap. Wanten und Kap. Stag). In seltenen Fällen wurden die Taljen und Tajereeps auf Klampen belegt.

Taue um eine Seele schlagen

Starke Taue (Ankertaue, Stage und Wanten) wurden vielfach um eine „Seele“ geschlagen.
Die *Seele* war ein Tau, das durch die Mitte des Taus führte und um welche die Kardeele des Taus herum gewunden wurden.
Bei Ankertauen war diese Technik teilweise bereits im 16. Jahrhundert in Gebrauch, bei Stagen seit dem späten 17. Jahrhundert, bei Wanten oftmals seit Ende des 18. Jahrhunderts und erfreute sich im 19. Jahrhunderts zunehmender Beliebtheit.
Generell kann dies einem Modellbauer egal sein, da man solch eine Seele ja nicht sieht.

Modellbau

Real kann dies im Modellbau, zumal bei links geschlagenen Tauen (die es im Handel ja nicht gibt), aber doch interessant sein!
Man spanne zunächst die Seele straff zwischen zwei Schraubblöcke. Und dann umwinde man sie entsprechend mit den Kardeelen. Ein wenig PONAL auf der Seele gibt den Kardeelen sicheren Halt.
Achtung: Die Kardeele müssen mindestens viermal so lang sein wie das entsprechende Taustück, da diese ja beim Umwickeln massiv an Länge verlieren.
Auf diese Weise lassen sich, auch ohne Tauschlagmaschine (s. auch Band 8 TAUE, BLÖCKE UND SEGEL S. 12), *links* geschlagene Taue herstellen. Fraglos ist diese eine mühsame Arbeit, zumal man jeweils nach ein paar Schlägen die Kardeele immer wieder entwirren muss, doch die Mühe lohnt sich! (Nur für Katzen, die nur zu gerne mit den lose herab hängenden Kardeelen spielen, sollte zu diesem Zweitpunkt die „Werft“ absolutes Sperrgebiet sein! Ich spreche da durchaus aus leidvoller Erfahrung ...).

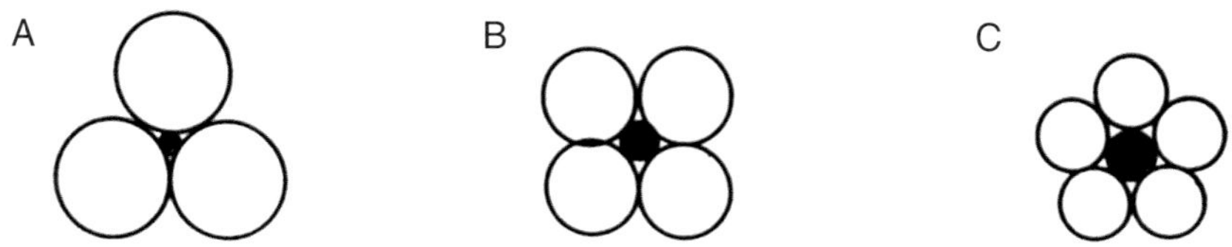

Um eine „Seele“ geschlagene Taue/Kardeele.
A. dreikardeelig (bis spätes 18. Jahrhundert).
B. vierkardeelig (spätes 18. und 19. Jahrhundert).
C. fünfkardeelig (seit kurz vor Mitte 19. Jahrhundert).
Je mehr Kardeele man verwendete, um so dicker konnte die Seele (schwarz) gewählt werden.

Taudicke Stehendes Gut

Die Maße beziehen sich auf das Großstag (100%). Im 16.bis18. Jahrhunderts war es 0,166 % des Großmastdurchmessers an Deck (das ist auch die Richtgröße dieser Tabelle). Mit der rapid steigenden Höhe der Masten/Stengen im 18./19. Jahrhundert stiegen vielfach auch die Taustärken rapid an.
Die Angaben beziehen sich weitgehend auf die Richtgrößen offizieller Dokumente, etwa einer Admiralität. Diese mögen für Kriegsschiffe in der Regel historisch sogar zugetroffen haben.
Real war aber bis ins 19. Jahrhundert allein der *Kapitän* für die Takelage zuständig und verantwortlich. D. h. er bestimmte letztlich etwa Taudicken und Material. Waren sie offiziell zu schwach und zu alt und etwas „passierte", dann war er eindeutig der Schuldige – und wenn das Tauwerk hielt, dann war er der Held, der Admiralität oder den Eignern eine Menge Geld gespart hatte ...
In historischen Dokumenten wird die Dicke/Stärke meist im Umfang angegeben, für den Modellbauer ist es eindeutig sinnvoller sich an den Durchmesser zu halten (so auch diese Tabellen).

Die Angaben sind Richtgrößen. Nationale Varianten sind hier nicht berücksichtigt.
Stahltaue waren $^{1}/_{3}$ so stark wie die entsprechenden Hanftaue.

Die britische „Blackwall-Fregatte" KENT, die 1852 für Passagen zwischen Großbritannien und Australien, den Blackwall-Werften bei London von Meister Wigram erbaut wurde – hier liegt sie friedlich in der Themse, fernab von den Stürmen um Kap Horn. Sehr schön zu sehen ihr Stehendes und auch Laufendes Gut.
(Originalfoto aus den 70er-Jahren des 19. Jahrhunderts)

Vorgeschirr	16./17. Jh.	18. Jh.	19. Jh. Hanf	19. Jh. Stahl
Bugspriet				
Sprietzurring	40%	40%		Kette
Wasserstag (einzeln)	80%	80%	80%	Kette
Talje	30%	30%	30%	
Wasserstag (mehrere)		46%	70%	Kette
Talje		29%	30%	
Bugstag	25%	46%	50%	Kette
Talje	10%	20%	25%	
Galionstag	16%			
Talje	8%			
Sprietmast				
Wanten	16%	16%		
Taljereep	8%	8%		
Backstag	20%	20%		
Talje	10%	10%		
Klüver				
Klüverstampfstag		30%	60%	Kette
Außenklüverstampfstag		20%	55%	Kette
Stampfstockgei		20%	55%	20%
Klüvergei		15%	53%	20%
Außenklüvergei		8%	53%	20%

Halsbaum (Butluf)	16./17. Jh.	18. Jh.	19. Jh. Hanf	19. Jh. Stahl
Halsbaumbackstag		30%	10%	
Talje		15%	15%	

Fockmast	16./17. Jh.	18. Jh.	19. Jh.	
			Hanf	Stahl
Untermast				
Seitentakel Hanger	40%	58%		
Talje	20%	28%		
Wanten	40%	58%	90%	44%
Taljereep	20%	30%	50%	
Stag	80%	90%	90%	44%
Talje	25%	30%	50%	
Borgstag		60%	80%	35%
Talje		20%	40%	
Marsstenge				
Seitentakel Hanger	20%	30%		
Talje	10%	15%		
Wurst	40%	58%		
Püttingswanten	18%	20%		Eisenstab
Stengewanten	20%	30%	62%	31%
Taljereep	10%	15%	31%	
Pardunen	20%	38%	88%	38%
Taljereep	10%	20%	44%	
Stengestag	40%	48%	88%	38%
Talje	18%	20%	44%	
Stengeborgstag		37%	62%	31%
Talje		18%	31%	
Bramstenge				
Wurst	25%	33%		
Püttingswanten	15%	17%	50%	Eisenstab
Bramwanten	16%	16%	50%	25%
Taljereep	8%	8%	25%	
Pardunen	16%	22%	66%	30%
Talje	8%	10%	25%	
Bramstag	20%	25%	56%	26%
Rojalpardunen	8%	10%	40%	20%
Talje	4%	5%	20%	
Royalstag	10%	13%	37%	17%
Talje	5%	7%	16%	

Großmast	16./17. Jh.	18. Jh.	19. Jh.	
			Hanf	Stahl
Untermast				
Seitentakel Hanger	50%	60%		
Talje	25%	30%		
Wanten	50%	62%	100%	44%
Taljereep	25%	30%	50%	
Stag 100%	100%	100%	44%	
Stagkragen	75%	92%	100%	44%
Talje	30%	30%	50%	
Borgstag		60%	100%	44%
Borgstagkragen		60%	90%	40%
Talje		23%	50%	
Marsstenge				
Seitentakel Hanger	25%	34%		
Talje	13%	17%		
Wurst	50%	62%		
Püttingswanten	20%	20%		Eisenstab
Stengewanten	25%	33%	62%	31%
Taljereep	13%	17%	31%	
Pardunen	25%	42%	88%	38%
Taljereep	12%	20%	44%	
Stengestag	50%	51%	88%	38%
Talje	20%	21%	44%	
Stengeborgstag		37%	62%	31%
Talje		18%	31%	
Bramstenge				
Wurst	25%	33%		
Püttingswanten	15%	17%	50%	Eisenstab
Bramwanten	16%	16%	50&	25%
Taljereep	8%	8%	58%	
Pardunen	16%	22%	66%	30%
Talje 8%	10%	25%		
Bramstag	20%	25%	56%	26%
Rojalpardunen	8%	10%	40%	20%
Talje	4%	5%	20%	
Royalstag	10%	13%	37%	17%
Talje	5%	7%	16%	

Besanmast	16./17. Jh.	18. Jh.	19. Jh.	
			Hanf	Stahl
Untermast				
Seitentakel Hanger	25%	40%		
Talje	13%	20%		
Wanten	25%	40%	45%	19%
Taljereep	13%	20%	23%	
Stag	40%	52%	88%	38%
Talje	20%	23%	44%	
Marsstenge				
Seitentakel Hanger		20%		
Talje		10%		
Wurst	25%	40%		
Püttingswanten	15%	17%	17%	Eisenstab
Stengewanten	16%	22%	56%	28%
Taljereep	8%	11%	28%	
Pardunen	16%	30%	56%	28%
Taljereep	8%	15%	28%	
Stengestag	20%	28%	60%	28%
Talje	10%	14%	30%	
Bramstenge				
Bramwanten	8%	16%	50&	25%
Taljereep	4%	8%	25%	
Pardunen	8%	15%	52%	26%
Talje	4%	8%	33%	
Bramstag	10%	14%	47%	23%
Talje	5%	7%	24%	12%

Heckausleger (Papageienstock)

	16./17. Jh.
Geeren	16%
Talje	8%

Ladetakel	16./17. Jh.	18. Jh.	19. Jh.
Geeren	58%	58%	60%
Aufholer	40%	40%	50%
Takel	20%	20%	25%

Bugsprietzurring

Bis ins späte 17. Jahrhundert war die Sprietzurring das einzige Stehende Gut am Bugspriet und auf jeden Fall ist sie das erste Tau, das beim Auftakeln eines Modells angebracht werden muss.
Kleinere Schiffe führten zumeist nur eine Sprietzurring, größere Schiffe in der Regel deren zwei.
Bis Anfang des 17. Jahrhunderts wurde die Bugsprietzurring um das noch sehr flache Scheg geführt, mitunter auch durch eine schwere Klampe auf dem Galionsdeck. Danach schor man das Tau durch einen oder zwei Schlitze im Scheg (manchmal auch Schegknie oder Galionslieger). Die entsprechende Anordnung muss den Plänen entnommen werden.

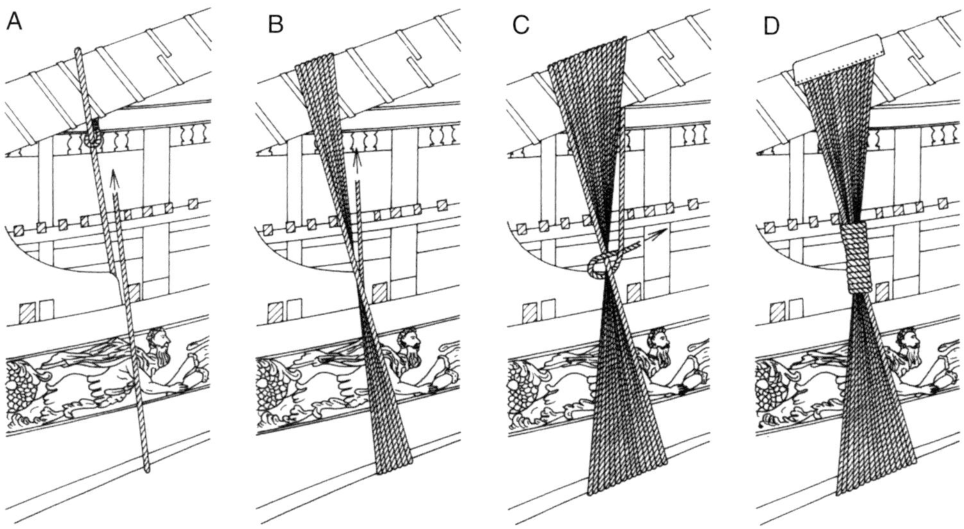

E

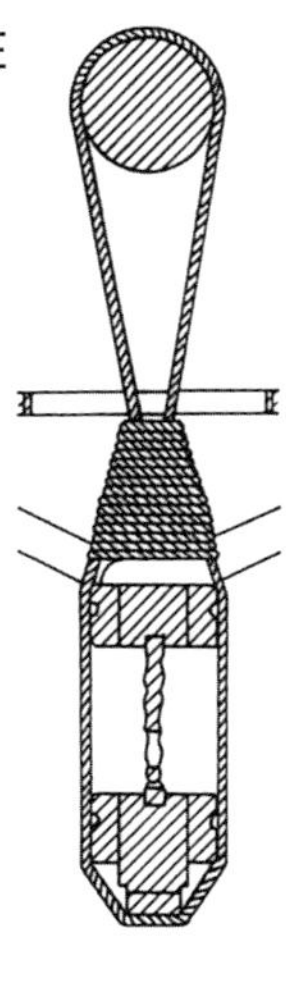

Bugspritzurring am Beispiel der WASA von 1628:
A. Ansetzen des Taus.
B. Schlagen des Taus.
C. Ansetzen der Mittelzurring.
D. Fertige Zurring mit Lederabdeckung (häufig!) auf dem Bugspriet.
E. Vorderansicht.

Die Bugsprietzurring wurde mit einer Schlaufe am Bugspriet angesetzt und führte zum Scheg, sodann durch das Scheg, wieder zum Bugspriet und darüber, wieder zum Scheg usw., im Ganzen acht- bis elf mal. Zu beachten ist dabei, dass das Tau in der Regel in der Mitte gekreuzt wurde, also jeder neue Schlag auf dem Bugspriet vor (bugwärts) dem vorhergehenden Schlag, beim Schegschlitz *hinter* (heckwärts) dem vorhergehenden Schlag.
Der letzte Schlag wurde über den Bugspriet bis zur Mitte der Zurring geführt und dort mit acht bis zehn Windungen um die Zurring gelegt und sofort richtig befestigt.

Das Abrutschen der Sprietzurring am Bugspriet verhinderten drei bis fünf keilförmige Klampen. Sie waren etwas stärker als das Tau und bis zum 18. Jahrhundert ebenso lang wie die Zurring auf dem Bugspriet breit, im 18. und 19. Jahrhundert etwas kürzer.

Im 19. Jahrhundert (ungefähr ab 1830) wurden für die Sprietzurring, zumal auf großen Schiffen, oftmals keine Taue mehr verwendet, sondern Ketten.
Im späten 19. Jahrhundert verschwand die Bugsprietzurring weitgehend, auf größeren Schiffen völlig; nur kleinere Fahrzeuge, besonders im Bereich des Mittelmeers, behielten sie bei.

Steuerbords und backbords wurde im 17. und 18. Jahrhundert häufig ein Spezialblock, das sogenannte Tausendbein angezurrt, durch das ein Teil des Laufenden Gutes des Vorgeschirrs geführt wurde; näheres dazu in Band 10 Laufendes Gut.

Modellbau:

Die Bugsprietzurring wird sofort fertig montiert.

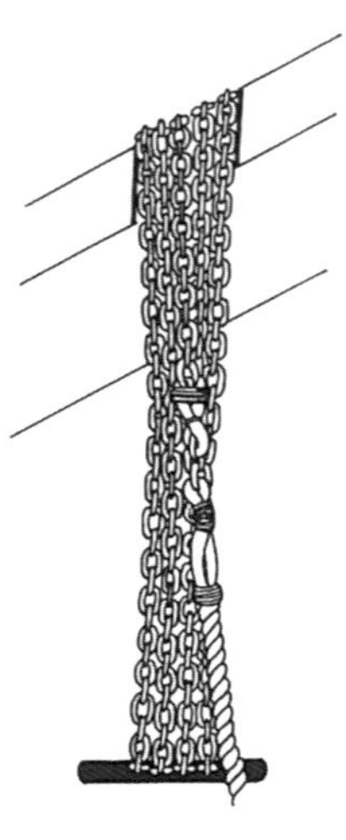

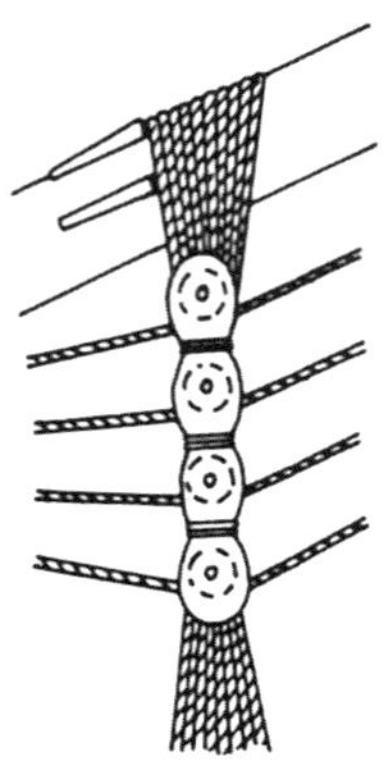

Tausendbein.

Im 17. und 18. Jahrhundert wurden durch beidseitig an die Bugsprietzurring angelaschten Spezialblock mit bis zu sechs Rollen pro Seite Teile der Taue des Vorgeschirrs geschoren, um sie sauber auseinander halten zu können.

Links: Kettenzurring am Bugspriet. Seit etwa 1830 auf großen Schiffen, vor allem Kriegsschiffen, weitgehend üblich.

Wasserstag

Um 1690 begann man mit der Einführung des Wasserstags, das den Zweck hatte, die Zugkräfte des Fockstags und Vorstengestags aufzunehmen und nach unten abzuleiten.

Die Erfindung des Wasserstags stammt aus Frankreich. Dort wurde ein Block am Scheg angestroppt, ein zweiter am Bugspriet, der durch eine keilförmige Klampe am Abrutschen gehindert wurde. Die Blöcke wurden mit einem Takel verbunden, das an einer Klampe am Bugspriet, am Vorsteven oder auf der Back belegte.
Bereits um 1695 folgte England dem französischen Beispiel. Hier wurde das Wasserstag in seiner vollen Länge doppelt genommen, an seinem unteren Ende durch ein Loch im Scheg geschoren, an seinem oberen Ende zusammengespleißt und eine Jungfer eingebunden, dazwischen mehrfach verzurrt. Mit einer zweiten Jungfer, die am Bugspriet angezurrt war und einem Tajereep wurde das Wasserstag steifgesetzt, genau in der Art, wie sie im Kapitel Wanten näher beschrieben wird.
Diese Form wurde bereits Anfang des 18. Jahrhunderts auch beim übrigen kontinentalen Schiffbau übernommen.

Bis etwa 1850 änderte sich an den Wasserstagen kaum mehr etwas, nur die Anzahl wurde vergrößert: um 1710 auf zwei, um 1740 auf drei. Um 1770 wurde das sogenannte Wasserborgstag am Eselshaupt des Bugspriets angesetzt.

Zum Spannen der Wasserstage wurden Jungfern, seit 1750 auch auf dem Kontinent mehr und mehr Dodshoofden verwendet.

Nach 1850 wurde das Wasserstag – jetzt gewöhnlich wieder nur eines – aus Ketten hergestellt und mit Dodshoofden, oft auch Spannschrauben angesetzt.

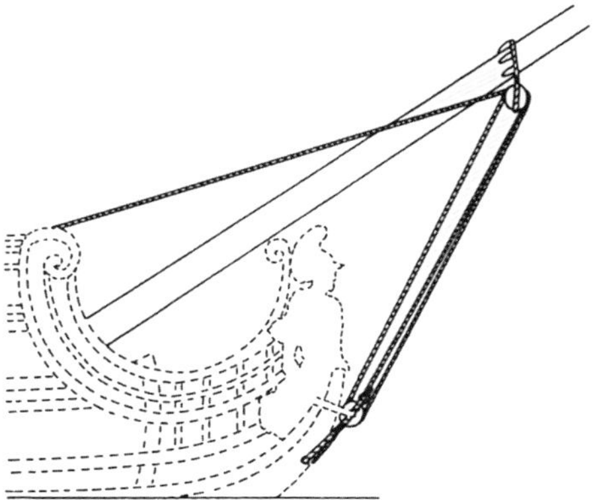

Einfaches Wasserstag. Französisch um 1690

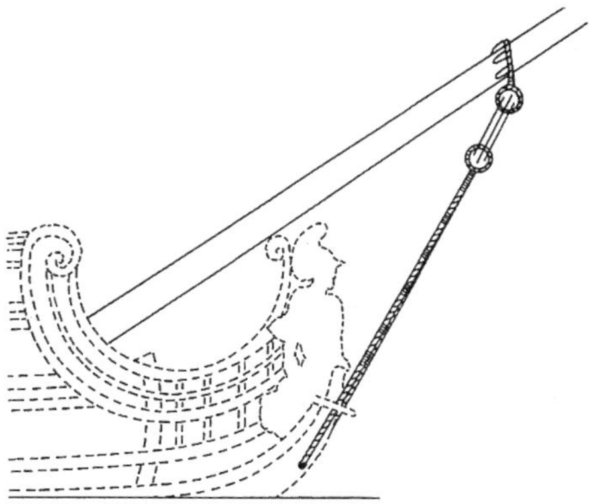

Einfaches Wasserstag. Englisch um 1695

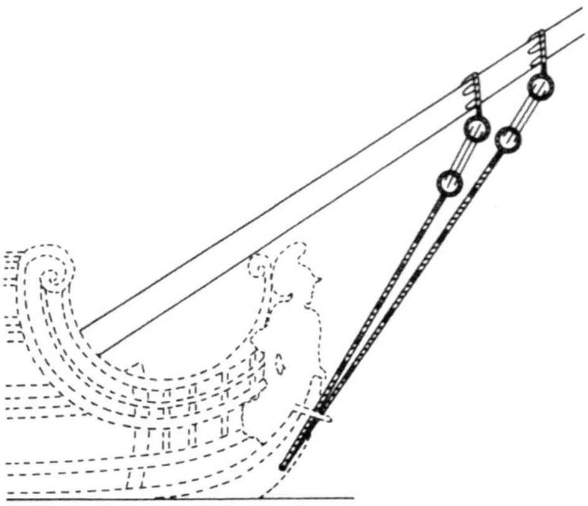

Doppeltes Wasserstag.
International um 1700
Wasser- und Bugstage wurden vielfach voll gekleidet.

Modellbau:

Die Wasserstage sollen den Bugspriet nach *unten* halten und dem Zug von Fock- und Fochstengestag nebst all dem Laufenden Gut des Vorgeschirrs entgegen wirken.
Vernünftigerweise sollte man die entsprechenden Taljen von Jungfern bzw. Dodshooften erst dann *wirklich*, jeweils am Stag, befestigen, wenn auch der entsprechende *Gegenzug* eindeutig steht!
Dieses Problem wird uns fraglos durch diesen ganzen Band begleiten!

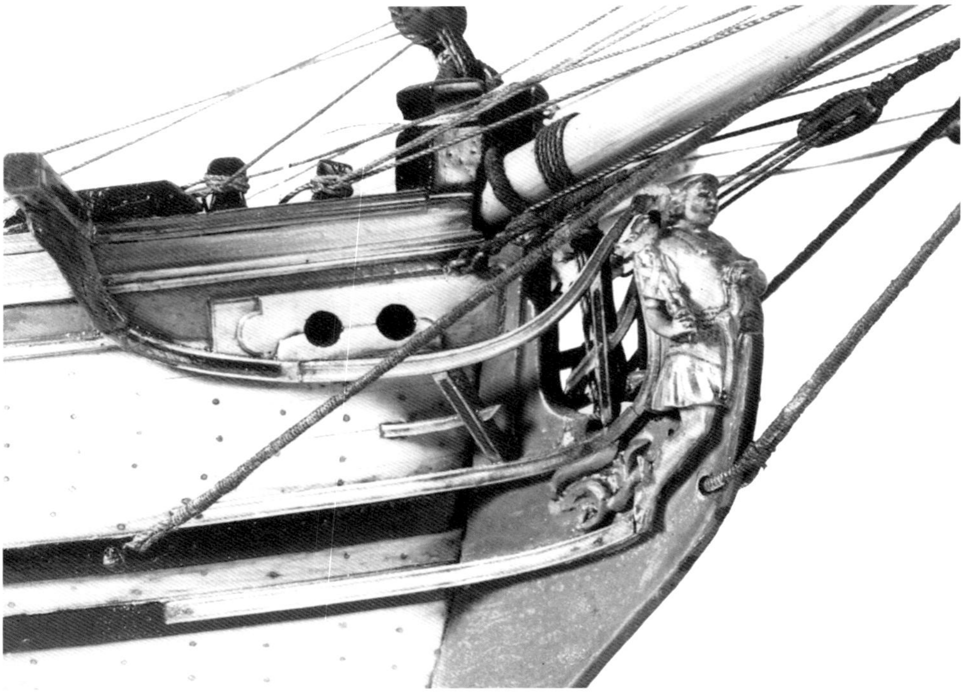

Ansetzen von Wasser- und Bugstag auf dem Modell einer englischen Ketsch. (Originalmodell Mitte des 18. Jahrhunderts, London, Science Museum)

Bugstage

Ab etwa 1720 begann man den Bugspriet auch seitlich abzustützen, wozu man zunächst ein Paar Bugstage, ab 1750 auf großen Schiffen auch zwei Bugstagpaare verwendete.

Doppeltes Wasserstag und einfaches Bugstag.
International um 1720

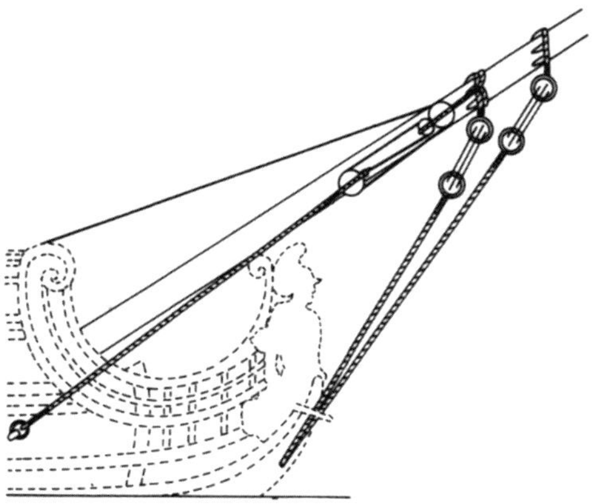

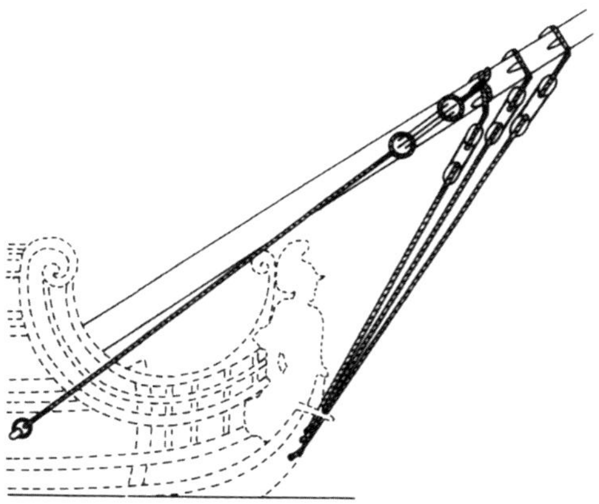

Dreifaches Wasserstag und einfaches Bugstag.
International um 1740

Vierfaches Wasserstag und doppeltes Bugstag.
International nach 1770

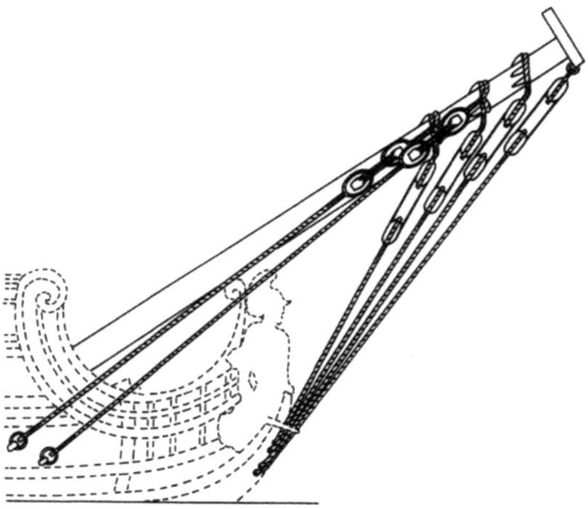

Die Bugstage waren steuerbord und backbord seitlich an Ringbolzen der Bordwand angesetzt und wurden mit Böcken, sehr bald schon Jungern (kontinental) oder Dodshoofden (englisch und seit etwa 1770 auch kontinental) steif gesetzt. Wie bei den Wasserstagen wurden ab 1850 Ketten für die Bugstage verwendet, die mit Dodshoofden oder Spannschrauben steif gesetzt wurden.

Modellbau:

Da diese Taue ja nur den Bugspriet sauber in der Mittellinie halten mussten, kann man sie bereits zu diesem Zeitpunkt bereits echt steif setzen und endgültig befestigen.

Wenn vielleicht auch die Größen der Stengen und Rahen ein wenig übertrieben sein mögen – bei diesem exquisit gearbeiten Knochenmodell um1800 sind hervorragend Wasser- und Bugstage sowie das gesamte Stehende Gut (nebst Schwichtungen zwischen Groß- und Großborgstag sowie Fock- und Fockborgstag) zu erkennen. (Originalmodell im Science Museum, London)

Galionsstag

Das Scheg großer Schiffe des 18. und teilweise 19. Jahrhunderts war extrem nach unten geschwungen. So ragte das eigentliche Galion sehr hoch auf. Und da war es mitunter durchaus zweckmäßig dieses nach dem Backschott ein wenig zu versteifen und abzusichern.
Man tat dies mit dem Galionstagen, Tauen, die mit einem Ringbolzen am Hinterende des Galions befestigt waren und zu Augbolzen an den Außenkanten des Backschotts reichten. Steif gesetzt wurden sie in der Regel mit Jungfern, die vorn oder hinten angesetzt sein konnten.
Die Technik kam um 1680 auf und verschwand allerdings erst wieder im 19. Jahrhundert.
Damals ging es freilich meist gar nicht so sehr darum, das hoch aufgebogene Galion zu sichern, als vielmehr die Mannschaft: Wie bereits ausgeführt befanden sich die Latrinen für die Mannschaft (natürlich mit Ausnahme der Offiziere, allerdings durchaus auch für erfahrene Unteroffiziere wie Bootsleute und Maate), auf dem Galion (s. Band 4 Die Ausrüstung Kap. Latrinen).
Damit diese nicht bei rauer See möglicherweise beim Austreten ganz einfach über Bord gewaschen wurden, bot man ihnen ein Seil, an dem sie sich, notfalls mit heruntergelassener Hose, festklammern konnten.
Seit dem späten 18. Jahrhundert installierte man zwischen dem Galionstag und der Oberkante der obersten Galionsregel sogar Netze, um einen solchen Verlust von Männern einzudämmen – gute Leute waren damals inzwischen extrem rar (s. dazu auch Abb. Der Rumpf 3.2 S. 423)!

Modellbau:

Auch diese Taue sollte sofort nach Einbau steif gesetzt werden.
Für eventuelle Netze kann ich für einem Maßstab incl. 1:50 nur dringend *schwarzen Tüll* empfehlen (s. auch Band 4 Die Ausrüstung Kap. Reling und Enterschutznetze).

Galionsstag: An einem Augbolzen am Galion befestigt, beidseitig zum Backschott geführt und mit Jungfern angesetzt – kontinental meist am Backschott (links), englisch meist am Galion (rechts).

Stampfstag

Als in der zweiten Hälfte des 18. Jahrhunderts der Klüverbaum immer länger wurde und bald nochmals um den Außenklüverbaum verlängert wurde, war es dringend geboten auch diese Teile entsprechend mit Stagen nach unten abzusichern, die dem Zug von Vorstag, Vorbramstag und ggf. Royalstag entgegen wirken konnten.
Obwohl ein vom der Klüvernock zum Scheg gespanntes Tau hätte viel zu flach gefahren werden müssen, um Wirkung zu haben, führten kontinentale Schiffe dennoch im 18. Jahrhundert solch ein Tau, das zumindest bis zum Bugsprieteselshaupt gespannt war.
Doch Mitte des 18. Jahrhunderts führte man freilich den sehr viel effektiveren Stampfstock ein (s. auch Band 7 MASTEN UND RAHEN Kap. Stampfstock).

Schwichtungsleine

Bis in die Mitte des 18. Jahrhunderts war die Schwichtungsleine das einzige stehende Gut des Klüverbaums. Es war dies eine Zurring, die Bugspriet und Klüverbaum an dessen Ende verband. Sie war im Prinzip ähnlich gelegt wie die Bugsprietzurring, nur entsprechend kürzer natürlich.
Seit 1830 wurde die Schwichtungsleine vielfach gegen eine Kette ausgewechselt.

Klüverstampfstag

Es wurde an der Nock des Klüverbaums mit einem gespleißten Auge angesetzt, fuhr dann durch ein Loch im Stampfstock.
Mitte des 18. Jahrhunderts war es dann unter dem Fuß des Klüverbaums an einem Ringbolzen des Bugspriets angesetzt. Fast gleichzeitig kam die Methode

*Dieses Baukastenmodell einer venezianischen Galeone des 16. Jahrhunderts ist, von Details abgesehen, im Rumpf gar nicht einmal so unglaubwürdig.
Die Takelage ist freilich höchst fragwürdig (zu schmale Unterrahen, zu hohe Stengen u. a.), das Vorgeschirr mit einem für damalige Zeiten viel zu tief angesetzem Bugspriet und gar einem Stampfstock ist nicht korrekt. Das Modell ist inzwischen nicht mehr auf dem Markt.*

Entwicklung des Stampfstages:

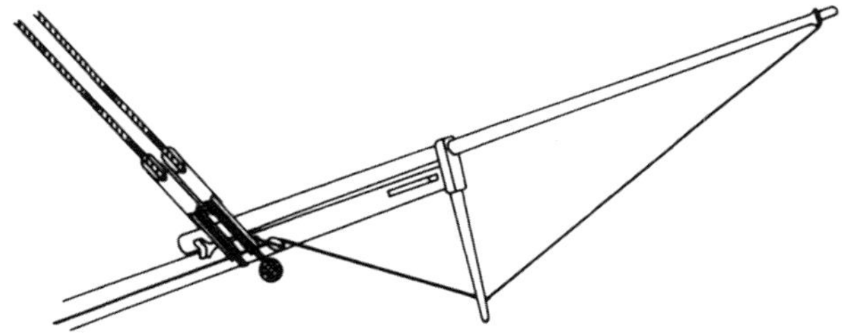

Einfaches Stampfstag um 1750

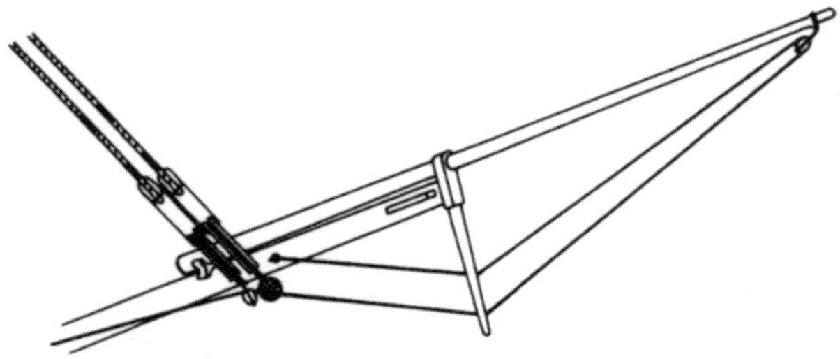

Doppeltes Stampfstag 1780

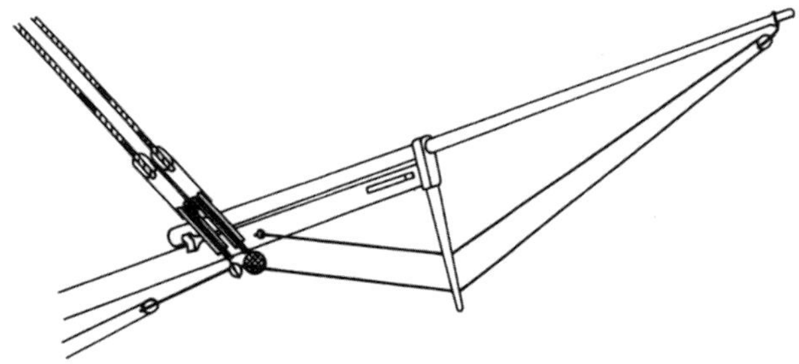

Doppeltes Stampfstag 1790

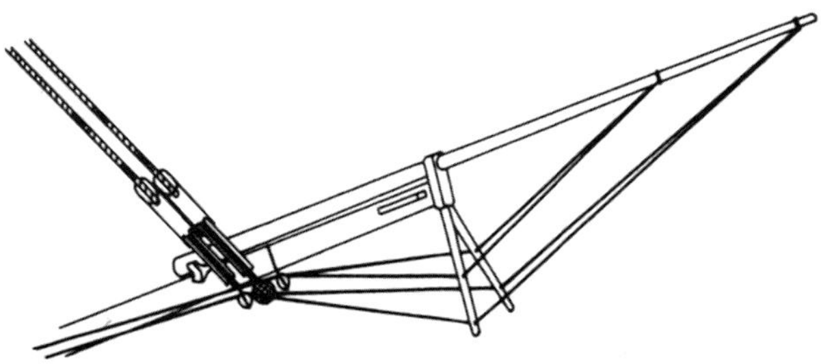

Doppeltes Stampfstag mit doppeltem Stampfstock im späten 18. und frühem 19. Jahrhundert

auf, das Klüverstampfstag über einen Block an etwa der selben Stelle bis zum Scheg oder zum Fuß des Bugspriets weiterzuleiten.

Um 1780 wurden das Klüverstampfstag in der Regel doppelt: Angesetzt wurde es am Bugspriet, fuhr durch ein Loch im Stapfstock zu einem an der Nock befestigten Block und kehrte wiederum durch ein Loch im Stampfstock zu einem Block nahe dem Klüverfuß zurück, um von dort weiter meist zu Ringbolzen am oberen Ende des Schegs geführt zu werden.

Bei doppelten Stampfstöcken – um 1800 sehr beliebt, auch wenn sie sich auf Dauer nicht durchsetzen konnten – war das Stampfstag mit einem gezurrten Auge am Klüverbaum angesetzt, fuhr ebenfalls durch Löcher im Stampfstock

Französisches 74-Kanonen-Linienschiff LE VENGEUR *Ende des 18. Jahrhunderts. Um 1806 von einen französischen kriegsgefangenen Matrosen aus Knochen (!) erbaut (Prisoner of War-model).*
Ein hervorragendes, zeitgenössisches Modell – auch wenn die Masten wohl ein bisschen überhöht erscheinen – bei dem vor allem auch die Spampfstage samt zugehörigem Tauwerk liebevoll und historisch exakt (!) ausgeführt wurden.
(Originalmodell im Science Museum, London)

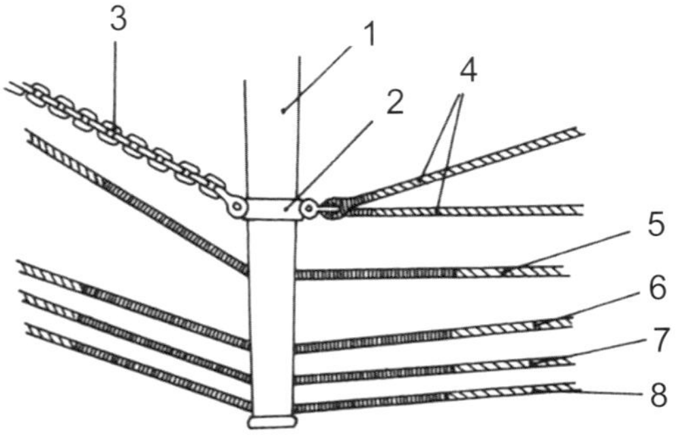

Stampfstock Unterteil 19. Jahrhundert:
1. Stampfstock, 2. Stampfstockband, 3. äußeres Klüverstampfstag, 4. inneres Klüverstampftag (oft ebenfalls Kette), 5. Bramstag, 6. Außenklüverstampfstag, 7. Bramborgstag, 8. Royalstag.

Der Stampfstock wurde/wird auch auf relativ kleinen Schiffen eingesetzt. So auch hier auf dem Model VANADIS *der Fa.* BILLING BOATS, *Vejen (im Vertrieb von* ROBBE MODELL-SPORT, *Grebenhain).*

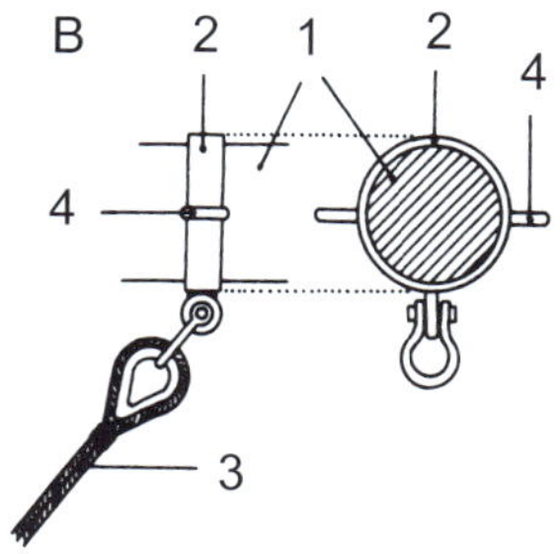

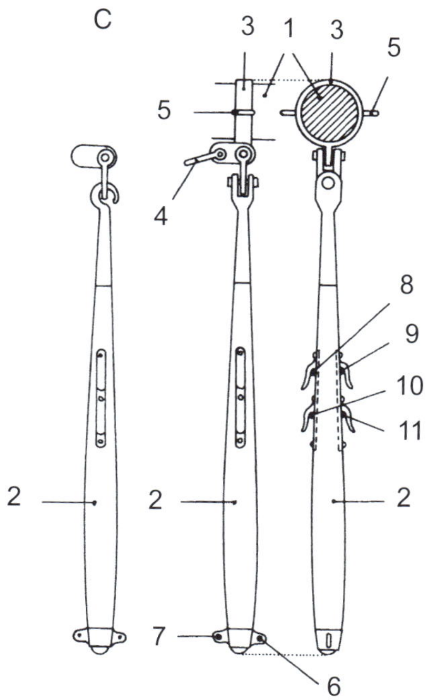

A. Eisernes Bugsprieteselshaupt.

B. Klüverbaumband:
1. Klüverbaum, 2. Klüverbaumband, 3. Klüverstampfstag, 4. Klüvergeien.

C. Beweglicher Stampfstock zweite Hälfte des 19. Jahrhunderts:
1. Bugspriet, 2. Stampfstock (zwei Varianten), 3. Bugsprietband, 4. Wasserstag, 5. Bugstag, 6. Klüverstampfstag und Außenklüverstampfstag, 7. Stampfstockgeien, 8. Vorstengeborgstag, 9. Klüverstag, 10. Vorbramstag, 11. Vorroyalstag.

(je weiter außen angesetzt, um ein so tieferes Loch wurde benutzt!) und wurde weiter wie schon beschrieben geführt.
Steifgesetzt wurde das Klüverstampfstag kontinental zunächst mit Blöcken oder Jungfern, englisch mit Dodshoofden, eine Methode, die auch schnell weitgehend auf dem Kontinent übernommen wurde. Seit 1790 waren hier, vor allem kontinental, aber auch Taljenzüge beliebt.

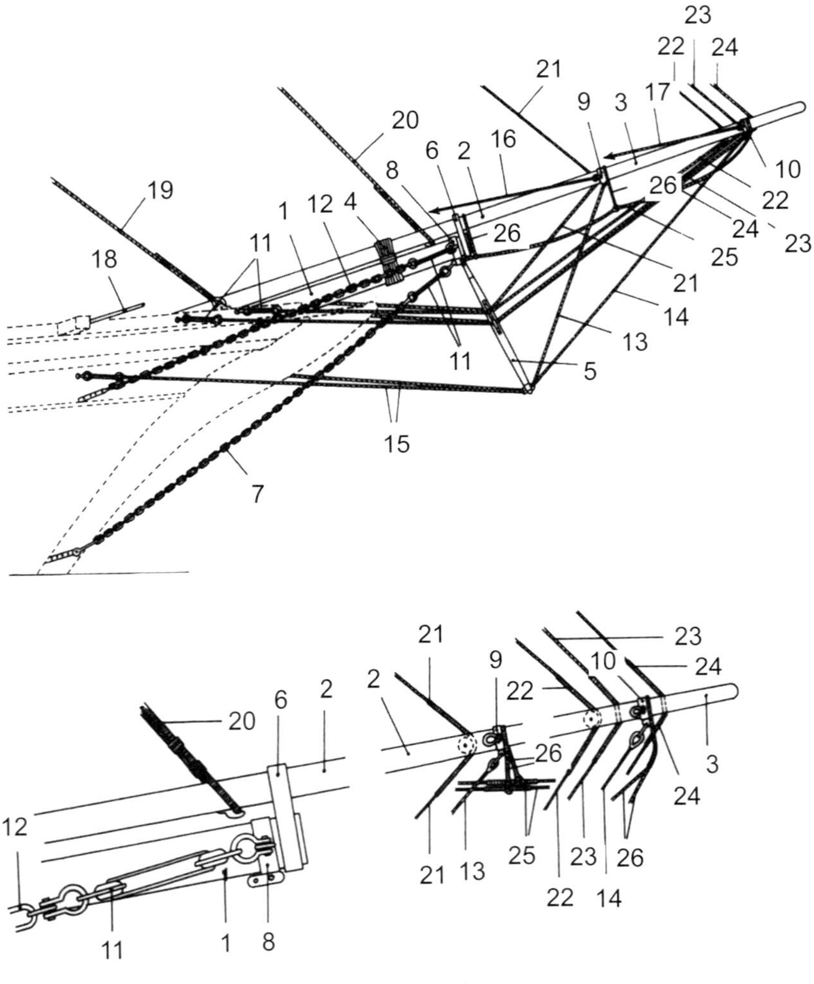

Vorgeschirr in der 2. Hälfte des 19. Jahrhunderts:
1. Bugspriet, 2. Klüverbaum, 3. Außenklüverbaum, 4. Schwichtungsleine,
5. Stampfstock, 6. eisernes Bugsprieteselshaupt, 7. Wasserstag, 8. Bugsprietband,
9. Klüverbaumband, 10. Außenklüverbaumband, 11. Dodshoofden, 12. Bugstag,
13. Klüverstampfstag, 14. Außenklüverstampfstag, 15. Stampfstockgeien,
16. Klüvergeien, 17. Außenklüvergeien, 18. Kranausleger, 19. Fockstag,
20. Vorstengestag, 21. Vorstengeborgstag, 22. Klüverstag, 23. Vorbramstag,
24. Vorroyalstag, 25. Laufstag, 26. Perde.

Stampfstockgeien

Um 1840, als man mehr und mehr Ketten verwendete, wurde das Stampfstag vielfach geteilt: Der vordere Tail bestand nun aus einer Kette, die von der Nock bis zu einem Eisenband an der Stampfstocknock reichte. Der hintere Teil bestand nach wie vor aus Tauen, die an einem Ring am hinteren Teil besagten Eisenbandes ansetzten, den Stampfstockgeien, und die, wie schon beschrieben, am Bug, allerdings nun in der Regel seitlich des Galions, angesetzt wurden. Zweck der Konstruktion war den Stampfstock optimal in Position zu halten.

Außenklüverstampfstag

Generell glichen sie dem Klüverstampfstag, allerdings waren sie in aller Regel nur einfach. Ketten wurden hier nicht verwendet, sondern nur Taue (mitunter allerdings seit der Mitte des 18. Jahrhunderts durchaus auch Stahltaue).
Eine durchaus moderne Variante s. S. 38.

Modellbau:
Die Stampfstage darf man noch nicht endgültig festlegen ehe man den entsprechenden Gegenzug der Stage und des sonstigen Vorgeschirrs hat!

Seit dem späten 19. Jahrhundert hielten vor allem die Stampfstockgeien (inzwischen meist Ketten) den Stampfstock und damit auch den Klüver- und Außenklüverbaum in der gewünschten Position während das Wasserstag eher zu einem, nur noch weich hängenden, „Notfall"-Tau/Kette verkam.
(Tadelloses Baukastenmodell von Mantua Model, Mailand. Modell des italienischen Segelschulschiffs Amerigo Vespucci, das 1931 von Francesco Rotundi konstruiert, in der Werft von Castellamare bei Stabia gebaut wurde und immer noch im Dienst ist.)

Klüver- und Außenklüver-Geitaue

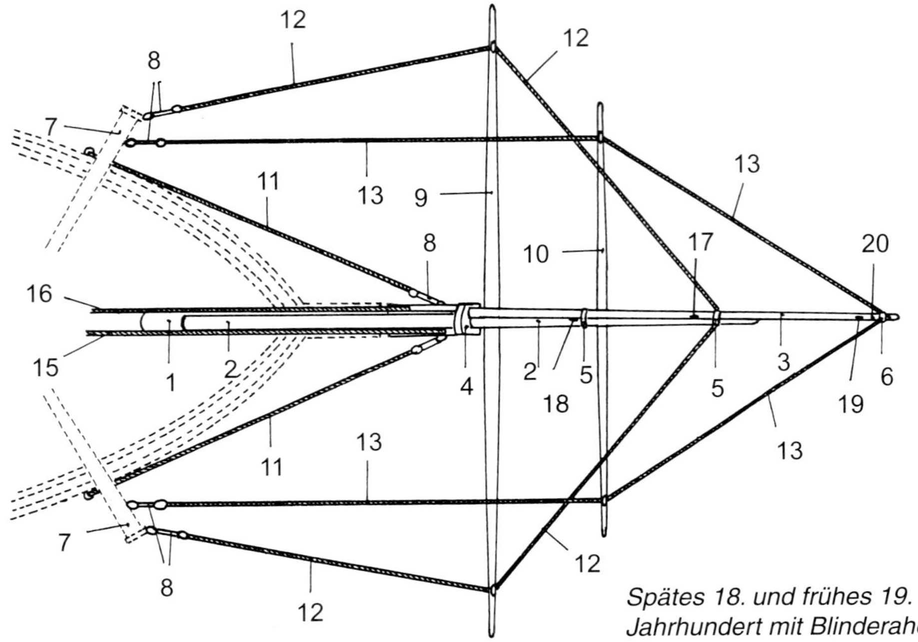

Spätes 18. und frühes 19. Jahrhundert mit Blinderahen.

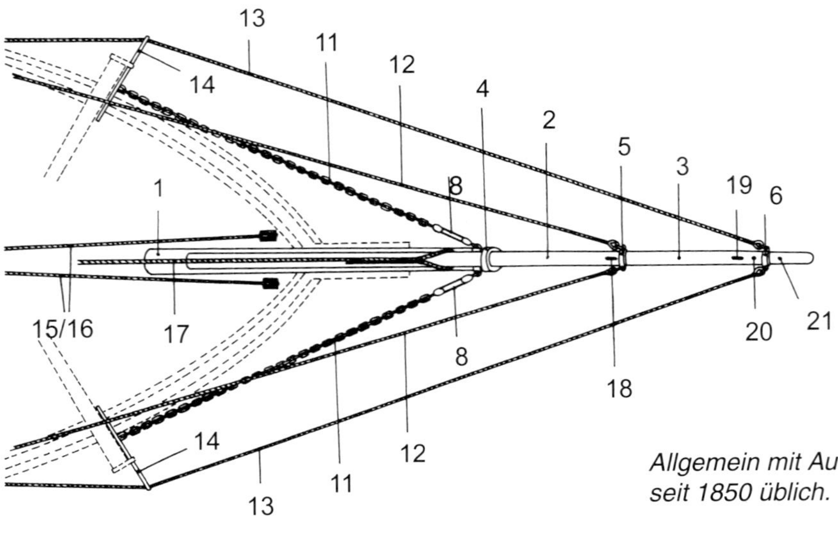

Allgemein mit Ausnahmen seit 1850 üblich.

1. Bugspriet, 2. Klüverbaum, 3. Außenklüverbaum, 4. Bugsprieteselshaupt, 5. Klüverbaumband, 6. Außenklüverbaumband, 7. Kranbalken, 8. Dodshoofden, 9. Blinderah, 10. Oberblinderah, 11. Bugstag, 12. Klüvergeien, 13. Außenklüvergeien, 14. Kranausleger, 15. Fockstag, 16. Fockborgstag, 17. Vorstengestag, 18. Vorstengeborgstag, 19. Vorbramstag, 20. Vorroyalstag, 21. Außenklüverstag.

Bugspriet, Klüverbaum und Ringgeie 18./19. Jahrhundert:
1. Bugspriet, 2. Klüverbaum,
3. Eselshaupt, 4. Violine, 5. Blinderah, 6. Klüverbaumgeien, 7. Fockstag, 8. Fockborgstag, 9. Vorstengestag, 10. Vorstengeborgstag,
11. Bramstag.

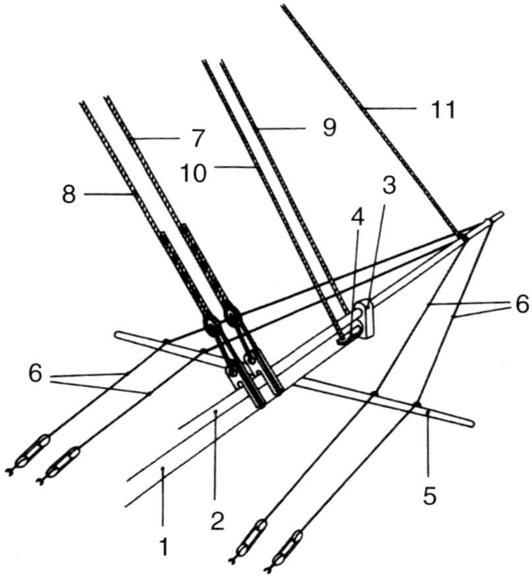

Die FALCON von 1834. Diese in Indien gebauten Klipper galten, zu Recht (!), mit Rümpfen aus Teakholz, Tauen aus fast unverrottbaren Kokosfasern und optimal bewaffnet, als die besten Schiffe ihrer Epoche. Ihr Auftrag: in Indien angebautes Opium nach China zu schaffen – und als dieser „Schmuggel" nicht mehr so recht laufen wollte, entfesselte Großbritannien 1839 den „Opiumkrieg", den wohl bislang schmutzigsten aller Kriege!
Gut zu sehen die Spiere hinter dem Klüverbaum und auf dem Bugspriet.
(Modell im Science Museum, London)

Um Klüver- und Außenküverbaum auch die notwendige seitlich notwendige Abstützung zu geben, verwendete man die Klüver- und Außenklüvergeie, die paarweise am Klüverbaumband und Außenklüverbaumband an der jeweiligen Nock oder unmittelbar dahinter angesetzen waren.
Im 18. Jahrhundert gab es verschiedene Methoden die Läufer anzusetzen. Bis etwa 1830 schor man sie jedoch stets durch Ringbolzen auf der Blinderah. Daher auch der gelegentlich zu lesender Name „Ringgeien“.
Man setzte sie mit Doshoofden (kontinental mitunter, wenn auch selten, mit Blöcken) an der Bordwand steif.
Als man die Blinderah abschaffte, liefen die Geitaue direkt zur Bordwand – je weiter außen um so besser! Dabei wurden Außenklüvergeie auch, um ihnen eine größere Breite zu geben, gern über den Kopf des Kranbalkens gefahren. Das war nach 1850 die Regel.

Streber
Doch so gerne wollte man vielfach die Vorteile breiter ausgespreizter Klüvergeie nicht aufgeben.
Um 1820/1830 setzte man daher mitunter eine Spiere am Fuß des Klüverbaums auf den Bugspriet, die allein der Fügung der Klüver- und Außenklüvergeie diente. Breit konnte sich diese Methode freilich nicht durchsetzen.
Seit etwa 1850 setzte man mit Klauen zwei Spieren an den Bugspriet, die „Streber“, die natürlich entsprechend abgestagt werden mussten und über die man die Klüver- und Außenklüvergeitaue führen konnte. Ob und wie solche Streber gefahren wurden bzw. vereinzelt sogar noch gefahren werden, war wohl weitgehend der persönlichen Meinung des Konstrukteurs überlassen. Ein typisches Beispiel ist die 1931 von Francesco Rotundi als Schulschiff für die italienische Marine konstruierten Amerigo Vespucci, deren Streber nicht mit Klauen am Bugspriet sondern am Bugsprieteselshaupt angesetzt sind (Abb. s. S. 33 und S. 39).

Modellbau:
Diese sind Taue dürfen sofort nach der Montage endgültig festgelegt werden, da sie ja nur die *seitliche* Ausrichtung von Klüver und Klüverbaum betreffen.
Achtung! Das Vorgeschirr war so vielen zeitlichen und nationalen Varianten unterworfen, dass da wirklich nur ein *sehr* guter Plan endgültigen Aufschluss zu geben in der Lage ist.

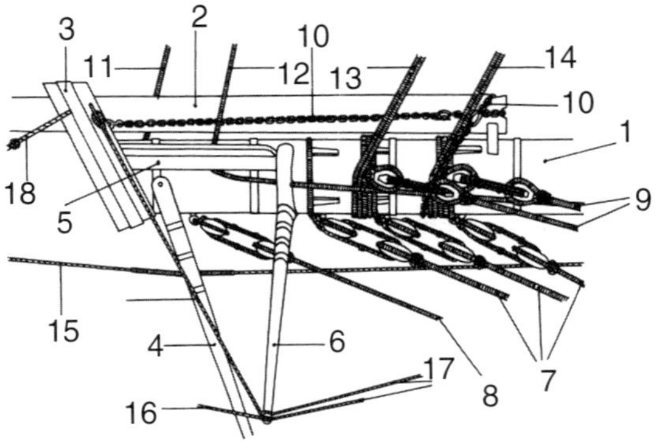

Bugspriet Vorderteil um 1850: 1. Bugspriet, 2. Klüverbaum, 3. Eselshaupt, 4. Stampfstock, 5. Violine, 6. Streber, 7. Wasserstage, 8. Wasserborgstag, 9. Bugstage, 10. Schwichtungskette, 11. Vorstengestag, 12. Vorstengeborgstag, 13. Fockstag, 14. Fockborgstag, 15. Bramstagläufer, 16. Klüvergei, 17. Streberbackstage, 18. Laufstag.

Bugspriet-Handtau und Schutznetze

Dass es am Bugspriet und später vielfach auch am Klüverbaum Fußperde gab, habe ich bereits in Band 7 MASTEN UND RAHEN entsprechend erwähnt.
Um den Männern, die dort auf diesen oftmals höchst glitschigen Teilen herum klettern mussten, gab man seit dem frühen 17. Jahrhundert eine zusätzliche Haltemöglichkeit. Auch wenn Menschenleben damals recht *billig* waren, gute und ausgebildete Matrosen verlor man eben auch damals höchst ungern …

Das Bugspriet-Handtau war vom Eselshaupt bis zum Judasohr gespannt, kontinental mitunter auch bis zum Backschott. Gelegentlich wurde es sogar durch entsprechende Perde „in Form“ gehalten.
Grundsätzlich war es mit Knoten versehen, um den Männern besseren Griffhalt zu geben.

Modellbau:
Auch dies ein Tau, das sofort völlig eingebaut werden kann, da es ohnehin nicht straff gespannt war.

Auf der SOVEREIGN OF THE SEAS von 1637 ist deutlich das Handtau mit Knoten zu erkennen, an dem sich die Männer über den Bugspriet einigermaßen sicher hochhangeln können.

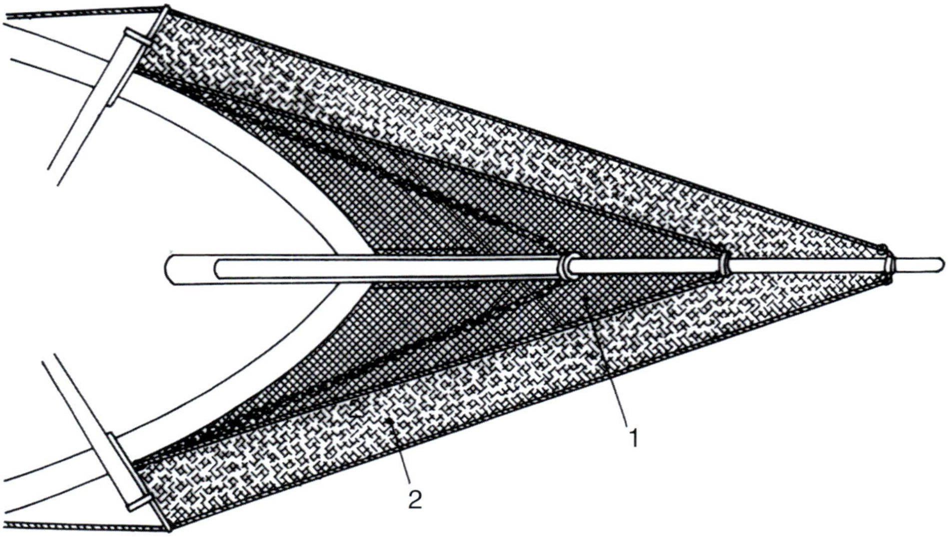

Schutz- bzw. Fangnetze, wie Sie seit der Mitte des 19. Jahrhunderts weitgehend üblich waren: 1. zweite Hälfte 19. Jahrhundert. 2. seit dem späten 19. Jahrhundert.

Seit dem späten 19. Jahrhundert verfügen alle Großsegelschiffe über entsprechende Schutz- und Fangnetze – sei es die GORCH FOCK II., die tragische PAMIR oder der seit 1992 für Passgiere in der Andamanensee im östlichen Indischen Ozean kreuzende Viermastschoner STAR KLIPPER, der für Nobelpassagiere (€ 1205 pro Person und Woche – Stand Januar 2010) weitgehend nach alten Vorlagen gebaut wurde. Die Personen auf dem Bugspriet demonstrieren deutlich die reale Größe der Vorsegel! (Foto Holger Leue und Michael Hohmann)

Das Segelschulschiff Amerigo Vespucci der italienischen Marine verfügt über zwei Fangnetze – eines vom Eselshaupt bis zur Bordwand, und eines von der Klüverspitze bis zu den Strebern.
(Ein weitestgehend tadelloses Baukastenmodell der Firma MANTUA-MODEL, Mailand)

Dieses Modell wurde im 19. Jahrhundert gnadenlos falsch „modern“ aufgetakelt – das passierte gar nicht wenigen Orignal- und gar Votivmodellen im Zuge des „Historismus“. Der Rumpf dieses Schiffes stammt offenkundig aus der ersten Hälfte des 17. Jahrhunderts. Vielleicht sogar teilweise die – bei Votiv- oder auch Knochenmodellen gerne überhöhten – Masten. Der Rest ist, vom Beiboot am Heck bis zum mächtigen Bugspriet und der gesamten Besegelung samt imponierender Beflaggung historisch schlichter „Schrott“!

Und doch gibt es da ein zwar nicht für des 17., jedoch für das 19. Jahrhundert interessantes Detail: ein kleines Netz zwischen Vorstag und Vorstengestag (s. Pfeil!), das offenkundig die Aufgabe hatte, das niedergelassene/eingeholte Vorstengestagsegel zu bergen und von den Köpfen der auf dem Bugspriet arbeitenden Männer fernzuhalten. Gewiss ist das ein winziges, für einen Historiker jedoch höchst interessantes Detail, das auf offiziellen Modellen in aller Regel fehlt – und doch offenkundig so gefahren und benutzt wurde, denn wer auch immer dieses Modell für das 17. Jahrhundert fraglos falsch aufgetakelt hat, in der Takelage seines 19. Jahrhunderts kannte er sich offenbar tadellos aus!
(Votivmodell aus Mariakirken in Bergen)

NB: Solche Netze gibt es verschiedentlich im 21. Jahrhundert noch immer.

Netze

In der zweiten Hälfte des 19. Jahrhunderts begann man begann man Netze zwischen den Bugstagen zu spannen, um Personen, die vom Bugspriet herunter fielen, aufzufangen und vor dem nahezu sicheren Tod durch Ertrinken zu bewahren. Seit Ende des 19. Jahrhunderts spannte man sie dann von der Klüverbaumspitze zu den Klüvergeitauen. Diese Netze gibt es auch heute noch bei größeren und auch kleineren Segelschiffen und sie zeugen davon, dass nun ein Menschenleben doch ein bisschen (zumindest das eines ausgebildeten Matrosen ...) mehr wert ist, als etwa noch im 17. Jahrhundert.

Modellbau:
Solche Netze fertigt man, wie schon bei Enterschutznetzen (s. Band 4 DIE AUSRÜSTUNG, Kap. Enterschutznetze) beschrieben, aus in der Regel weißem Tüll. Solche Netze bis Mitte des 20. Jahrhunderts leicht ocker (s. Band 10 LAUFENDES GUT) einzufärben entspricht zweifellos der historischen Realität.
Derlei Netze sollte man freilich erst spannen, wenn das Stehende Gut des Modells auch wirklich „steht"!

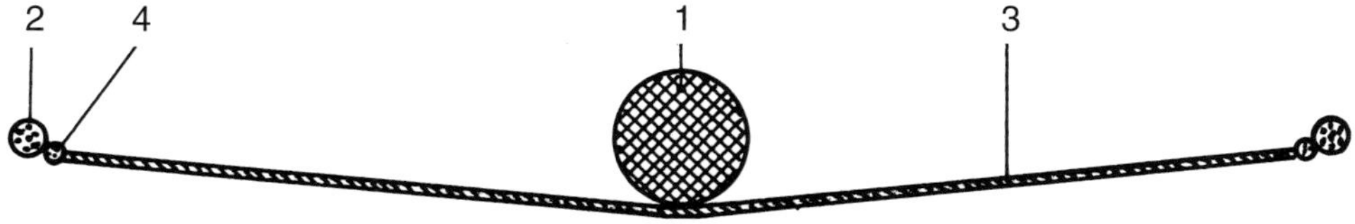

Die Schutznetze wurden/werden jeweils unter dem entsprechenden Rundholz herum gezogen – selbstverständlich mit den notwendigen Öffnungen für Stampfstag bzw. Taue des Vorgeschirrs. An den Geien wurden sie in der Regel mit laufenden Leinen, selten mit Einzelzurrings, fest gemacht.
1. Bugspriet bzw. Klüverbaum, 2. Klüvergeien, 3. Netz, 4. Netzliektaue.

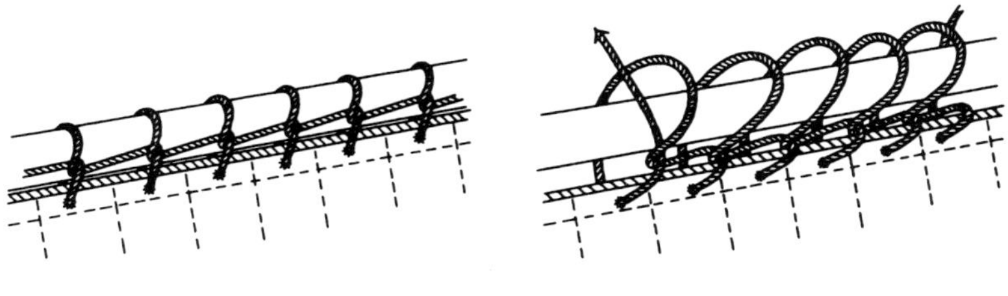

Die, selbstverständlich mit Liektauen eingefassten, Netze wurden/werden mit laufenden Reihleinen wie gelegentlich auch Segel an den Rahen an den Klüvergeien festgemacht (einzelne Bändsel waren die Ausnahme).

Halsbaum-(Butluf)-Backstage

Seit der ersten Hälfte des 18. Jahrhunderts führte man die Fockhalsen nicht mehr durch das Scheg, sondern durch Blöcke an der Nock des Halsbaums (auch Butluf oder Butluv genannt). Diese Anordnung war grundsätzlich auf großen und in der Regel auch mittelgroßen Schiffen gebräuchlich.

Zunächst war der Butluf nur mit einem Tau nach unten abgestagt.

Interessant zu sehen, dass das Galionstag über entsprechende Stützen geführt wurde. Das Galionsstag wurde mit Netzen ausgespannt, damit die auf der gut sichtbaren (oben rechts hinter dem Butluf und Mitte vor dem Vorsteven) Latrine (s. auch Bd. 4 DIE AUSRÜSTUNG, Kap. Latrinen) sitzenden Matrosen nicht über Bord gespült wurden. (Exquisites Admiralty-Model Mitte des 18. Jahrhunderts, National Maritime Museum, London-Greenwich)

Der Halsbaum selbst wurde durch Halsbaum-Backstage (man kann auch die Bezeichnung Halsbaum-Wanten oder Halsbaum-Geeren finden) abgestützt und gegen ein Durchbiegen nach oben gesichert.

Bis Mitte des 18. Jahrhunderts war es zunächst nur ein einzelnes Tau, welches den Halsbaum nach unten hielt.

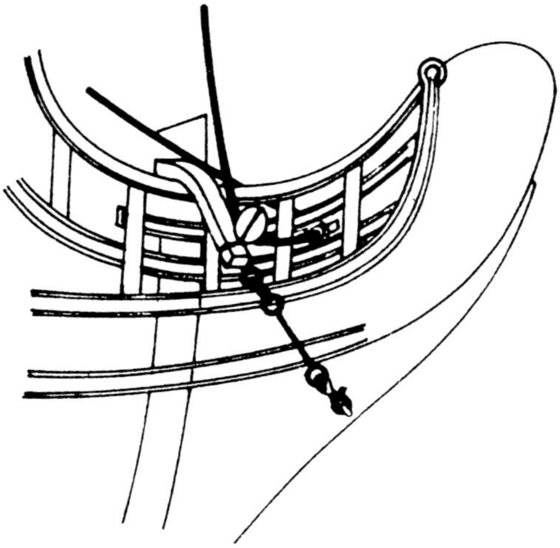

Fockhalsführung über einen Butluf mit einfacher Abstagung und über einen Deadblock im Galion (s. auch Band 10 LAUFENDES GUT, Kap. Fockhalsen) bis etwa 1720.
(Zeichnung Karl Heinz Marquard, Mountrose/Victoria AUS)

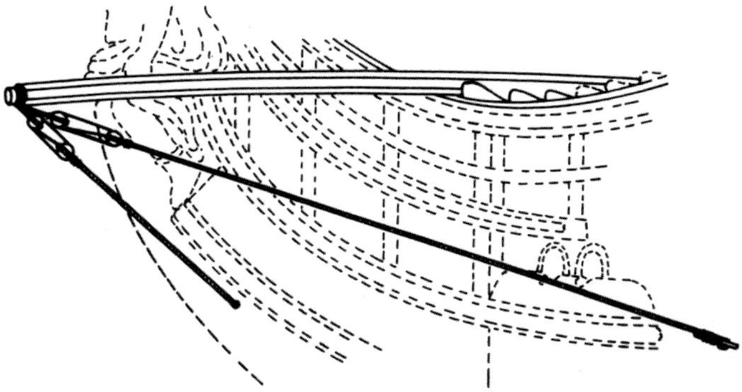

Halsbaumstage bis etwa 1760, bei dem das vordere Stag durch ein Loch im Scheg geführt wurde.

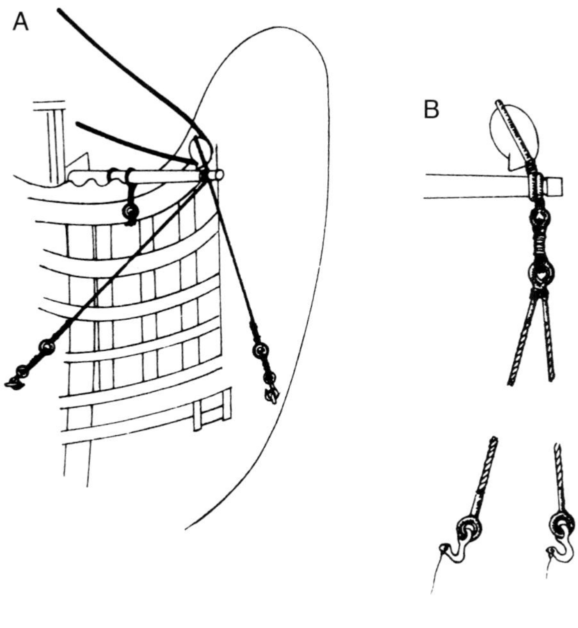

A: Spätestens seit 1770 wurden die Butluf-Backstage mit Haken an Ringbolzen an Scheg und Bordwand festgemacht.
B: Variante zur Befestigung der Butluf-Backstage.
(Beide Zeichnungen Karl Heinz Marquardt, Mountrose/Victoria AUS)

Wenig später erkannte man freilich, dass dies für die einwirkenden Zugkräfte entschieden nicht genügte. Also setzte man jeweils zwei Backstage an, welche die Spiere nicht nur nach unten, sondern auch nach vorne und achtern sicherten.
Das vordere Backstag wurde bis etwa 1760 durch ein Loch im Scheg gefahren und Steuerbord und Backbord an den Nocken der Halsbäume befestigt. Danach wurde das Backstag an einem Ringbolzen am Scheg eingehakt. Das hintere Backstag wurde mit einem Ringbolzen an der Bordwand festgemacht.
Die Halsbaum-Backstage wurden mit einer Kombination von Blöcken oder Jungfern, seltener mit Dodshoofden steif gesetzt, die Talje am Stag angeschlagen.
Im 19. Jahrhundert wurde häufig sogar ein drittes Backstag üblich, welches den Halsbaum auch nach oben in optimaler Position hielt.
Als Halsblöck wurden fast immer Schulterblöcke verwendet.

Modellbau:
Auch diese Taue kann man sofort endgültig befestigen.

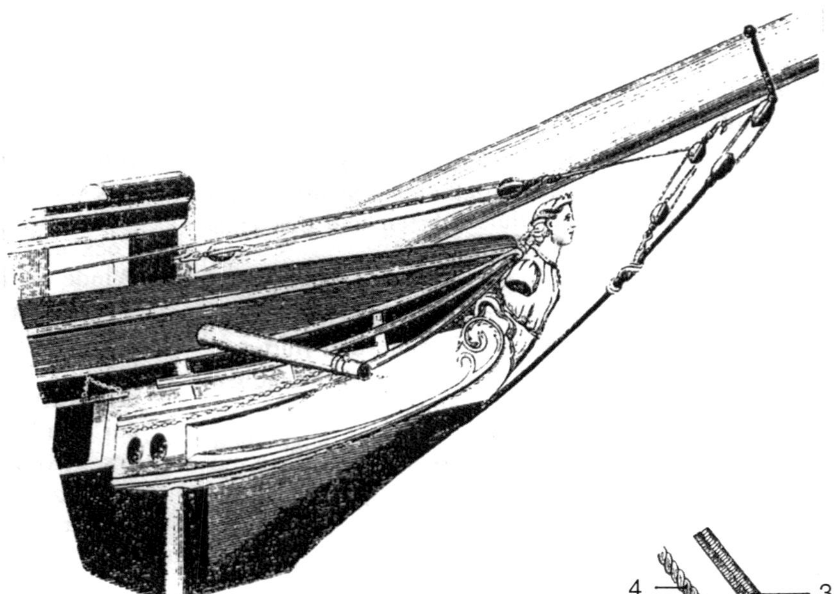

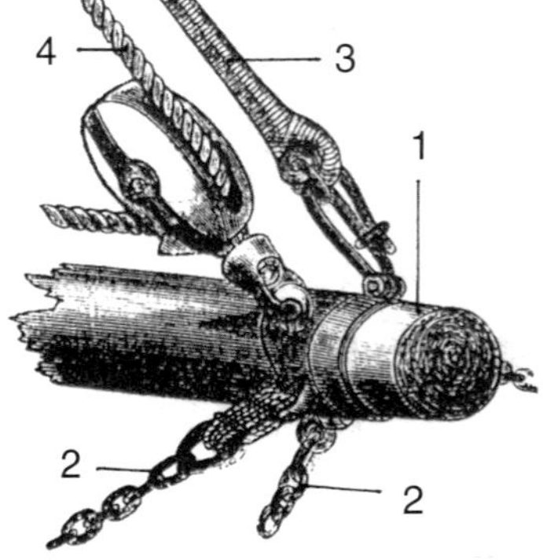

Oben: Nach 1850 war das Galion meist voll beplankt und der Butluf auch nach oben abgestützt.

Rechts: 1. Butluf, 2. Butlufstage (nach 1850 meist Ketten), 3. gekleidetes Stag nach oben, 4. Hals durch Knieblock geschoren.
(Zeichnungen von G. Nares in Seamanship, London 1862)

Püttingseisen

Jedes Want oder sonstiges Tau, das nach oben einem Zug ausgesetzt war, brauchte natürlich auch einen entsprechenden Halt nach unten.
Dieser wurde durch die Püttings gewährt.
Generell wurde das Thema bereits in Band 4 Die Ausrüstung im Kap. Rüsten angesprochen, doch hier bedarf es eindeutig noch einer wesentlichen Vertiefung!

Frühes und hohes Mittelalter

Als Püttingseisen dienten mehr oder minder große Eisenringe, die mit Ringbolzen an der Bordwand befestigt waren. Es wurden auch hölzerne Klampen verwendet.
Die unteren Jungfern wurden – so überhaupt vorhanden – mit Taustropps angesetzt. Angesetzt wurden diese Ringe binnenbords.

Das Ladby-Schiff

Ladby liegt auf der dänischen Insel Fyn. Das Schiff gehörte offenkundig einem durchaus bedeutenden Wikingerhäupling um 950 n. Chr. Es wurde 1935 von dem Hobbyarchäologen Poul Helweg Mikkelsen in einem fast total niedergepflügten Grabhügel entdeckt. Doch obschon ein Großteil seines Holzes verrottet waren, ließ sich das Schiff tadellos rekonstruieren, denn jene Holzteile hatten sich optimal im Erdreich abgezeichnet, die Metallteile wie Eisen, aber auch oftmals vergoldete Bronze und sogar Silber, waren tadellos erhalten (mehr dazu z. B. in Wolfram zu Mondfeld Wikingfahrt 1 – Kulturreisefrühher Dänemark, Norwegen, Norddeutschland).
Das Ladby-Schiff war auf 16 rúm oder sesse gebaut, also für 32 Ruderer. Es war 21,60 m lang, 2,85 m breit mit einer Höhe von 0,70 m von Kiel bis Oberkante Dollbord. Damit war es *keinesfalls* ein Schiff für die Hochsee, dafür ein ganz hervorragendes Raubschiff zwischen den Inseln der westlichen Ostsee: so lang, um entsprechend vielen beutehungrigen Kerlen Platz zu bieten. Allerdings extrem schmal, niedrig und leicht gebaut. Kurz eben ein optimales Raubschiff zwischen den Inseln – und sein Besitzer war, seinem Grab nach zu schließen, damit höchst erfolgreich.
Was den Archäologen bis heute Rätsel aufgibt, das sind jeweils vier schwere, außenbords angebrachte Eisenringe hinter der Schiffsmitte.

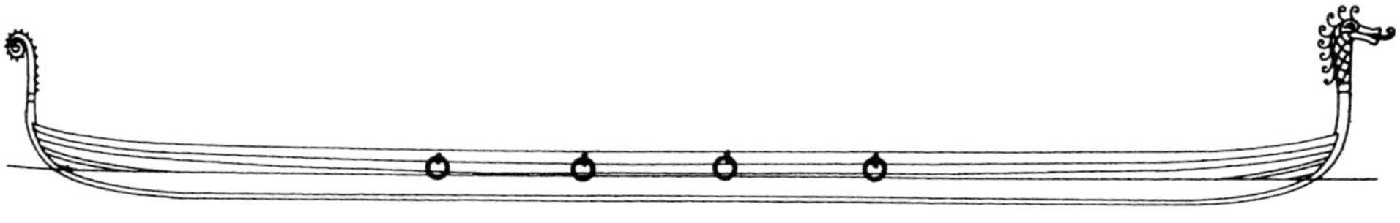

Das Ladby-Schiff um 950 n. Chr.: Unter Riemen ein prachtvolles Raubschiff, jedoch ein miserabler Segler. Wozu waren dann die Ringe an der Bordwand gut?

Jeder Schiffshistoriker würde sofort sagen, dass dort die Wantpüttings angesetzt waren. Die Sache hat nur einen Haken: so optimal, dank seiner Dimensionen, das LADBY-Schiff unter Riemen war, ein so grauenhaft schlechter Segler müsste es gewesen sein! Gleichgültig ob nun die Wanten innen oder außen angesetzt waren – aber einen Sinn hatten jene Ringe fraglos!
Da bleibt also noch sehr viel Forschungsarbeit für Schiffshistoriker – und nicht zuletzt für ernsthafte Modellbauer, die Schiffe ja nicht nur zweidimensional auf dem Papier rekonstruieren, sondern *dreidimensional* bauen!

Spätes Mittelalter bis Beginn der Neuzeit

Bis in die zweite Hälfte des 15. Jahrhunderts veränderte sich an dieser Form nichts: die Rüsteisen waren schwere Eisenringe, welche binnenbords am Schanzkleid oder dem Wassergang angebolzt waren.

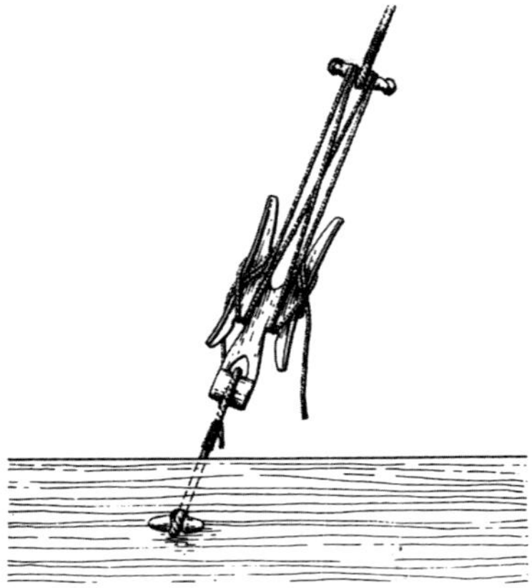

Spezielle Wantbefestigung auf Wikingerschiffen bis ins 10. Jahrhundert.

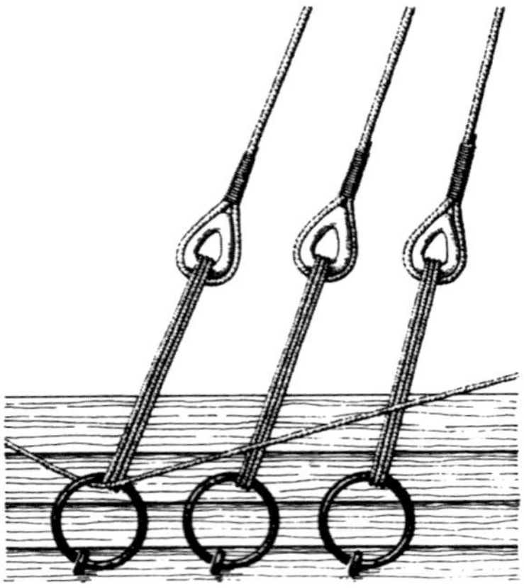

Ringpüttings. Schon bei Ladby (?). Im 10. bis 12. Jahrhundert vielfach üblich.

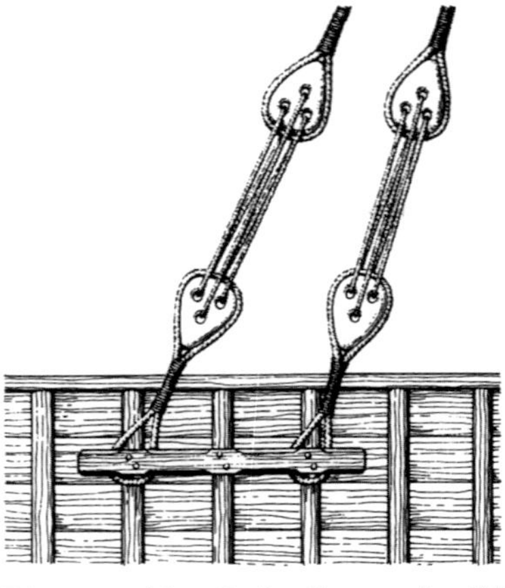

Binnenseitige Befestigung der Püttings an Kreuzhölzern war durchaus üblich. (Zeichnungen von Werner Zimmermann, Augsburg)

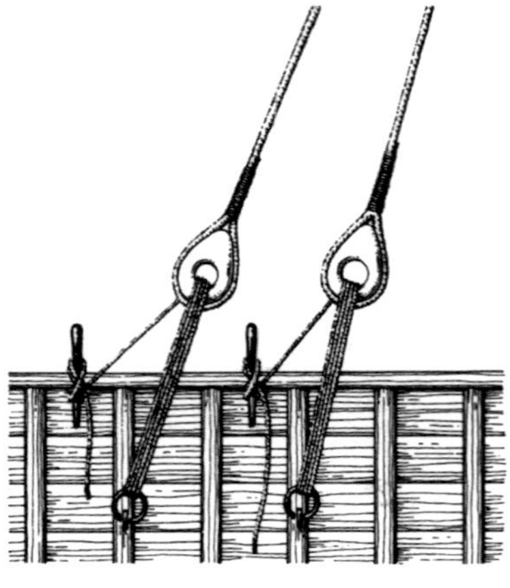

Binnenseitige Befestigung an Eisenringen mit laufender Part an Belegnägeln.

Untere Jungfern, Blöcke oder Dodshooften waren allerdings jetzt allgemein üblich und wurden mit starken Taustroppen an den Püttingseisen angestroppt. Diese Methode blieb teilweise bis in die erste Hälfte des 16. Jahrhundert erhalten, auf kleineren Schiffen mitunter sogar bis ins 18. Jahrhundert.

Die große „Revolution“

Mitte des 15. Jahrhunderts begann man die Wanten außenbords anzusetzen. Einer der Gründe hierfür war fraglos, dass man so die Püttingseisen sehr viel stabiler bauen konnte. Es waren nun schwere Eisenketten, die an die Bordwand gebolzt wurden. Und die unteren Jungfern umschloss man mit einem massivem Eisenring anstatt einer Tauzurring.
Zunächst wurden diese Püttings über die Barkhölzer geführt. Doch noch im 15. Jahrhundert entdeckte man die weiter auskragenden Rüsten (s. Bd. DIE AUSRÜSTUNG, Kap. Rüsten!), welche nicht nur den Wanten eine noch breitere Grundfläche gaben, sondern auch verhinderten, dass die Püttingseisen an der Bordwand scheuerten.

Ketten wurden ab Mitte des 15. Jahrhunderts bis in die erste Hälfte des 17. Jahrhunderts als Püttingseisen eingesetzt.
(Modell von Wolfram zu Mondfeld, Hohenfurch. Modell einer spanischen Não um 1590 im Deutschen Technikmuseum, Berlin. S. auch Band 1 MODELLE UND VORKENNTNISSE, S. 19, 111)

Für die Renaissance – und folgende Jahrhunderte bis teilweise ins 20. Jahrhundert – war das *„die“* entscheidende *Revolution* des gesamten Stehenden Gutes!

Püttingseisen

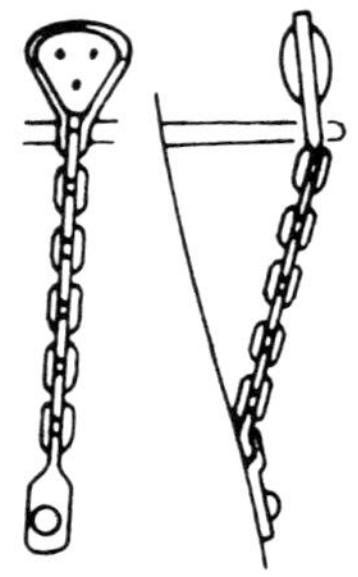

International spätes 15. bis Mitte 17. Jahrhundert:
Eisenketten (selbstverständlich ohne Steg!)

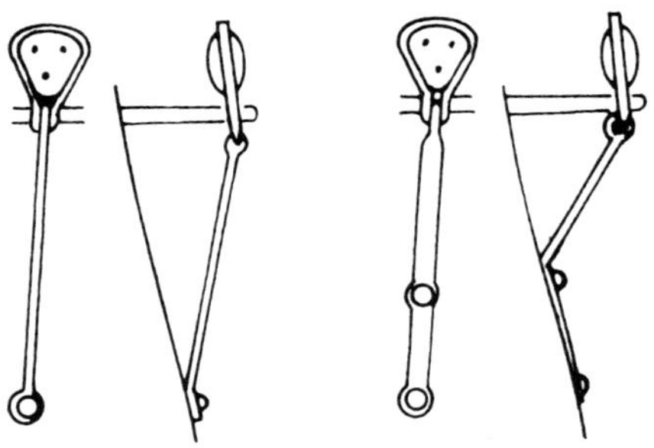

Holländisch spätes 16. bis spätes 18. Jahrhundert:
Zunächst Eisenstäbe, dann Bandeisen

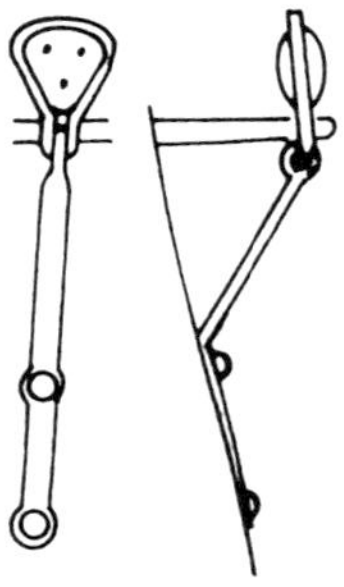

Französisch Mitte 17. bis Mitte 18. Jahrhundert:
Bandeisen nach holländischem Vorbild

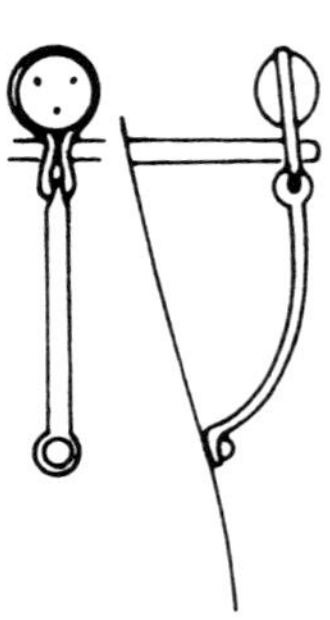

Englisch Mitte 17. bis Mitte 18. Jahrhundert:
Stark gebogene Bandeisen

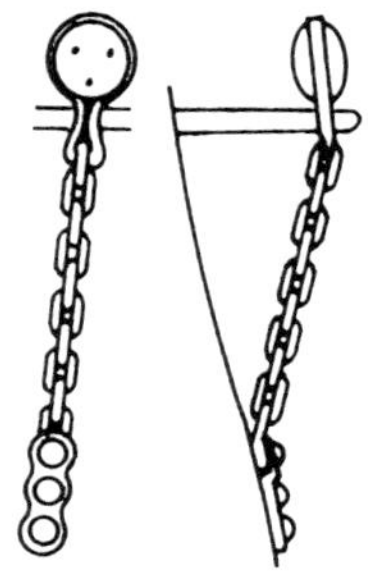

Spanisch Mitte 17. bis Mitte 18. Jahrhundert: „Kurz"-gliedrige Eisenketten

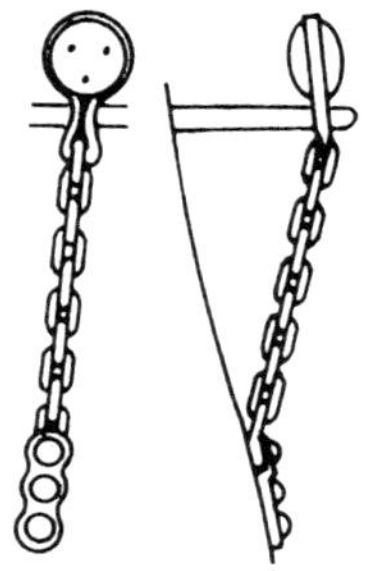

Italienisch Mitte 17. bis Ende 18. Jahrhundert: „Kurz"-gliedrige Eisenketten

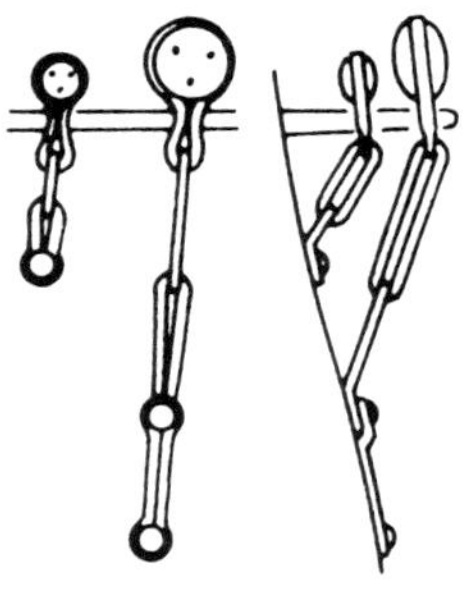

Englisch nach 1750 bis frühes 19. Jahrhundert (mit Pardunen-Jungfer): Spezielle „Lang"-gliedrige Eisenketten

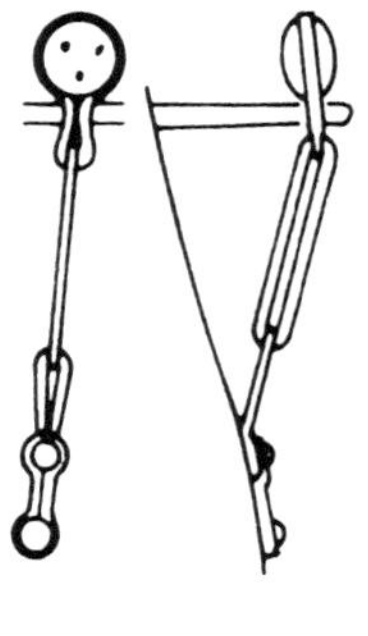

Französisch nach 1760 bis frühes 19. Jahrhundert. Spezielle „Lang"-gliedrige Eisenketten

Deutschland und Dänemark richteten sich weitgehend nach dem holländischen Vorbild.

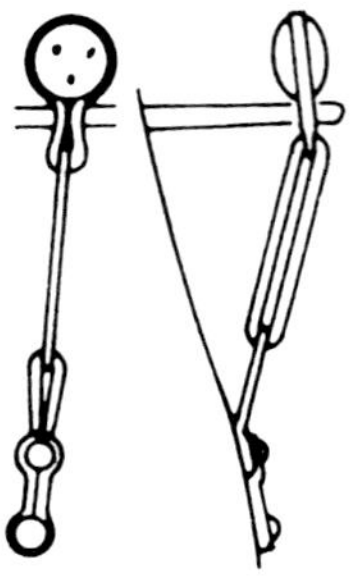

Spanisch nach 1780 bis erste Hälfte 19. Jahrhundert.
Italienisch seit frühem bis Mitte 19. Jahrhundert:
Spezielle „Lang“-gliedrige Eisenketten

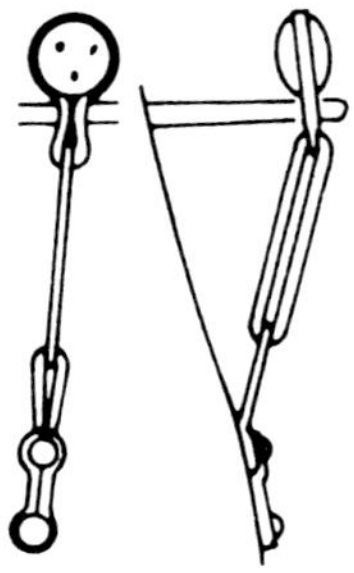

Holländisch Ende 18. Jahrhundert bis erste Hälfte 19. Jahrhundert:
Spezielle „Lang“-gliedrige Eisenketten

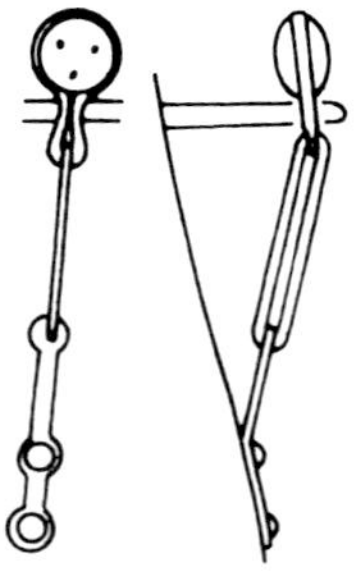

Englisch erste Hälfte des 19. Jahrhunderts:
Spezielle „Lang“-gliedrige Eisenketten

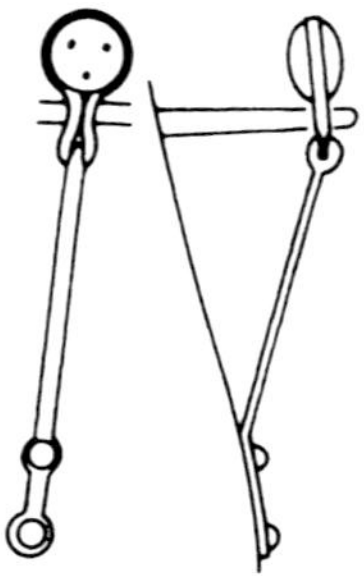

International erste Hälfte 19. Jahrhundert, zunächst große Handelsschiffe, dann auch zunehmend Kriegsschiffe:
Bandeisen

Schweden und Russland richteten sich bis Anfang des 17. Jahrhunderts zunächst nach dem holländischen, danach nach dem englischen Vorbild.

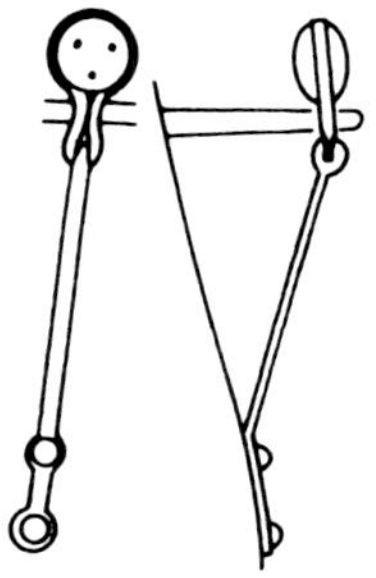

International Kriegsschiffe, Klipper und zunehmend auch kleinere Handelsschiffe nach der Mitte 19. Jahrhundert: Bandeisen

Auf Handelsschiffen verschwanden nach Mitte des 19. Jahrhunderts die Rüsten weitgehend, waren allenfalls nur noch als kleiner Wulst an der Außenhaut erkennbar (s. dazu auch Band 4 DIE AUSRÜSTUNG Kap. Rüsten) – die stets konservativen Kriegsmarinen folgten dem eher zögerlich. Dafür wurden die Püttingseisen wieder in der Regel nach binnenbords geführt.

Gekröpftes Glied

Die Püttings wurden mit Bolzen an der Bordwand befestigt. Oftmals wurde ihnen am unteren Ende ein „gekröpftes Glied" aufgesetzt, um nur ja ein Ausreißen zu vermeiden.
Im 18. und frühen 19. Jahrhundert war dies meist eine Eisen- bzw. Stahlplatte, die mitunter einen wesentlichen Teil der Pütting ausmachte.

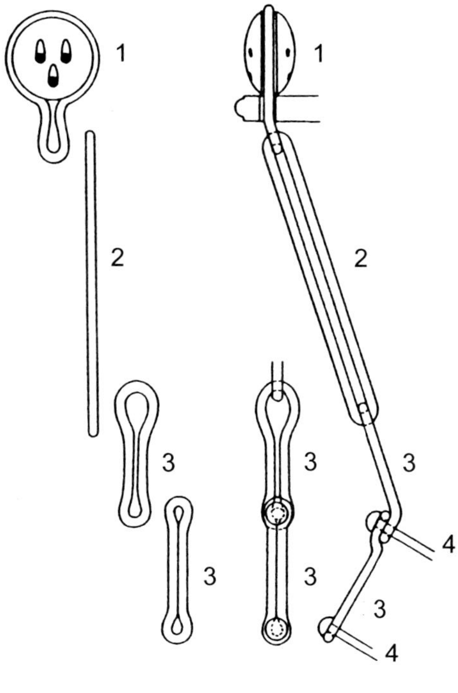

Püttingseisen „Langkette" 18. und erste Hälfte 19. Jahrhundert:
1 . Rüstjungfer mit Beschlag,
2. Püttingseisen, 3. gekröpftes Glied,
4. Nagel bzw. Bolzen.

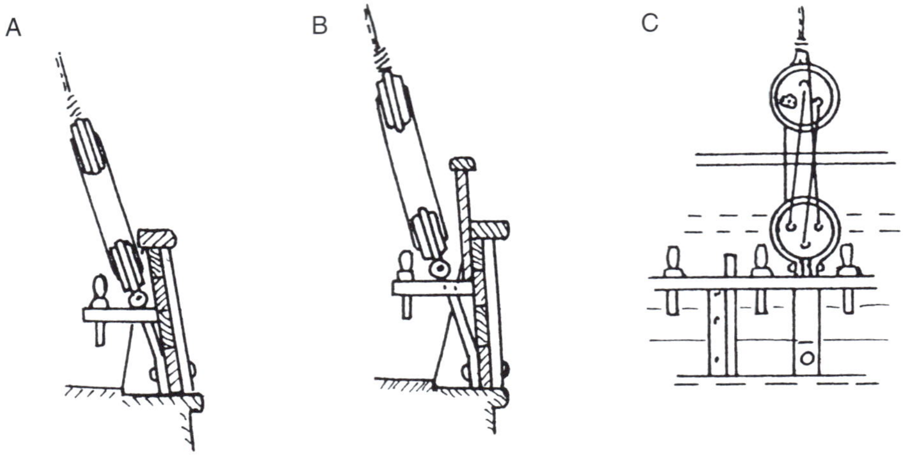

Binnenbords angesetzte Jungfern nach Mitte 19. Jahrhundert.
A und B Seitenansichten, C. Ansicht von binnenbords.
(Zeichnungen von Robert Salemke, Gütersloh)

Die deutsche Ostsee-Galeasse KARL UND MARIE um 1900.
Sehr gut zu sehen die Bandeisen der Püttings, die zwar außen angesetzt, dann aber durch die Bordwand binnenbords geführt wurden (s. auch Band 4 DIE AUSRÜSTUNG, Kap. Rüsten).
(Ein tadelloses Baukastenmodell der Firma KRICK, Knittlingen)

Wenn man da noch ein paar Kleinigkeiten wie etwa den zu tief hängenden Anker verbessert, dann kann aus solch einen relativ kleinen Modell ein wahres Museumsstück werden, was nur zu oft prunkvollen Zwei- und Dreideckern nicht gelingt!

Ladetakel

Auf jedem Schiff mussten oft schwere Lasten bewegt werden, von den Beibooten oder Kanonenrohren über Wasserfässer bis gelegentlich sogar Pferden. Dafür gab es die Ladetakel.
Mitunter wurden sie auch zum Durchholen von Taljereeps und zum Steifsetzen von Stagen benutzt.

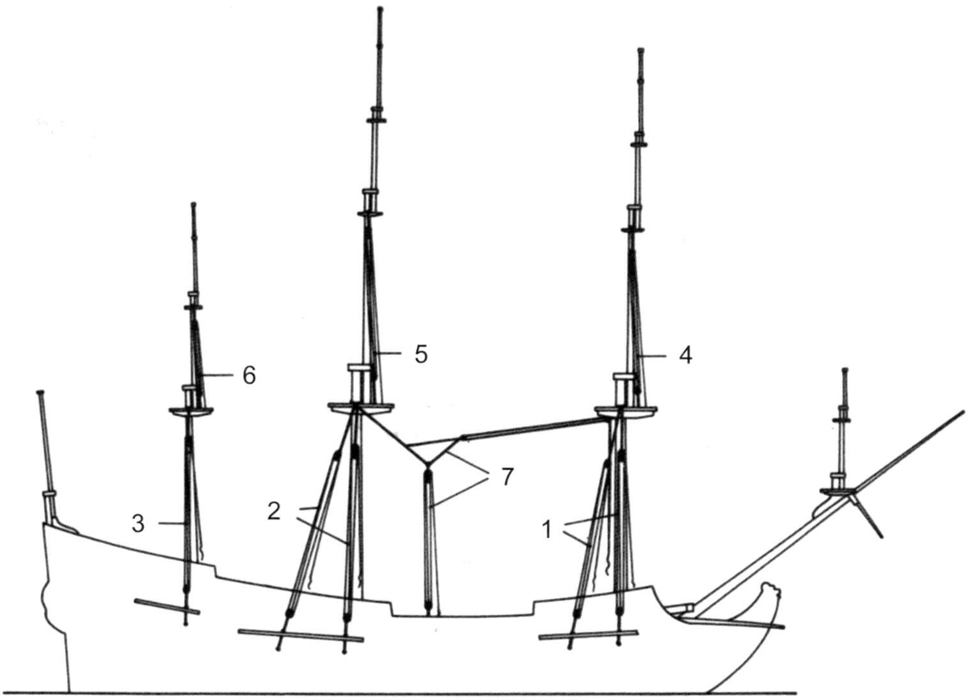

Ladetakel:
1. Fockseitentakel, 2. Großseitentakel, 3. Besanseitentakel, 4. Fockstengeseitentakel, 5. Großstengeseitentakel, 6. Besanstengeseitentakel, 7. Stagtakel (im 16. und 17. Jahrhundert oft nur einfach, im 18. Jahrhundert in aller Regel doppelt).

Reihenfolge der Taue am Topp

Die Reihenfolge, mit der die verschiedenen Tauschlingen des Stehenden Gutes über den Masttopp gestülpt wurden, folgte seit dem späten Mittelalter (auch wenn es damals manche Taue noch gar nicht gab) einem stets gleichen, unabänderlichen Muster, das auch heute noch Gültigkeit auf Segelschiffen hat:
Paarig und seitlich angesetzt stand die Steuerbordschlinge immer unter der Backbordschlinge. Mittig angesetzte Schlingen, etwa von Stagen, wurden oberhalb dieser angesetzt.

Reihenfolge:
Seitentakel: Sie werden zum Stehenden Gut gezählt, obwohl sie in der Praxis wohl eher zum Laufenden Gut gehören würden.
Wanten: Jeweils paarweise nach Steuerbord und Backbord gespannt.
Pardunen: An den Stengen jeweils nach Steuerbord und Backbord gespannt.
Stagtakel: Sie *wurden über die Wantzurrings* am Topp gelegt.
Borgstag: Seit Mitte des 18. Jahrhunderts zumindest auf Kriegsschiffen üblich, ebenfalls über die Wantzurrings am Topp gelegt.
Stag: Abstützung eines Mastes oder einer Stenge nach vorne, ebenso über die Wantzurrings am Topp gelegt.

Seitentakel

Das Seitentakel kam im 16. Jahrhundert zunächst an Groß- und Fockmast auf. Unter den Wanten wurde mit einem, gekleideten Auge erst Steuerbord und dann Backbord ein Spann Taue über den Topp der Groß- und Focktoppen der Untermasten gelegt, so dass jeweils auf beiden Seiten zwei Tauenden herunter kamen. Die Stärke dieser Taue entsprach der der zugehörigen Wanten.
In der Hälfte bis zwei Drittel der Masthöhe über Deck wurde an diesen Tauen (Hanger, Schenkel, stehende Part) ein Violin- oder Doppelblock angestroppt, falls das Seitentakel mit einer Talje gefahren wurde. Wenn das Seitentakel als Takel ausgerüstet war, nahm man einen einfachen Block.

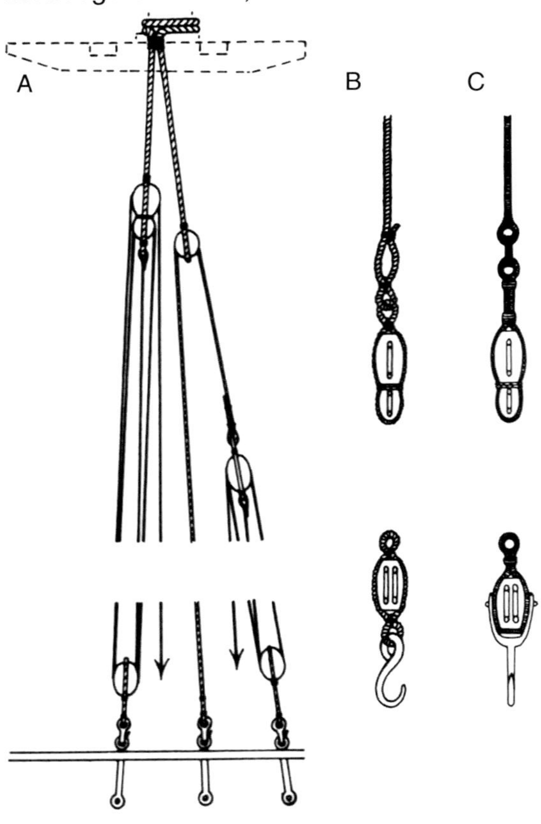

A. Seitentakel: Links mit Talje, rechts mit Takel.

B. Seitentakel: Hanger und Haken, Methode bis etwa 1720.

C. Seitentakel: Hanger und Haken, Methode etwa ab 1720.

Durch diesen Block schor man bei der Form als Takel ein Tau, an dem die Blockkombination hing. Bei der Form mit Talje ein Tau, das durch einen unteren, ebenfalls zweischeibigen Block lief. An den unteren Blöcken waren Haken abgestroppt, die bei Nichtbenützung des Seitentakels in Ringe auf der jeweiligen Rüste eingehakt waren. Diese Ringe besaßen sehr häufig ein kleines Püttingseisen (s. dazu Band 4 DIE AUSRÜSTUNG Kap. Rüsten). Die laufende Part des Seitentakels wurde binnenbords an einem Nagel belegt.
Spätestens ab 1720 wurde der Hanger des Seitentakels gekleidet, ebenso die Stroppen um Blöcke und Haken.

Außer auf kleinen Schiffen fuhren Groß- und Fockmast stets doppelte Seitentakel. Der Besanmast fuhr gewöhnlich nur ein Seitentakel auf jeder Seite, das mit einem gespleißten oder gezurrten Auge um den Masttopp gelegt war.

Seitentakel – allerdings jeweils nur eines auf jeder Seite und entsprechend schwächer – wurden an Groß- und Fockstenge in England schon seit der ersten Hälfte des 17. Jahrhunderts gefahren, auf dem Kontinent erst ab dem letzten Viertel des 17. Jahrhunderts. Seitentakel an den Besanstengen waren im 17, Jahrhundert noch sehr selten und wurden erst zu Beginn des 18. Jahrhunderts allgemein üblich.
Die laufende Part wurde meist in der Mars, etwa an den Püttings belegt, mitunter jedoch auch bis zu einem Nagel an der Bordwand geführt.

Achtung:
Zwar wurden die Seitentakel als erstes über den Masttopp gelegt, d. h. aber nicht, dass ihre Hanger auch als vorderste herunter kamen! Tatsächlich war dies stets erst mindestens ein Viertel hinter dem ersten Wantenspann der Fall. Wenn auf großen Schiffen am Untermast ein zweites Seitentakel gefahren wurde, so war es auf das letzte Drittel der Rüste ausgerichtet.

Modellbau

Obwohl absolut notwendig, findet man bei Baukastenmodellen Seitentakel so gut wie nie! Dabei sind sie ganz hervorragend dazu geeignet, Masten und Stengen schon einmal nach den Seiten zu in korrekte (Mittel-)Linie zu bringen!

Stagtakel

Im 16. Jahrhundert kam das Stagtakel auf. Es wurde auch noch im 19. Jahrhundert verwendet.
Stagtakel waren im 16. Jahrhundert auf wirklich großen Schiffen, seit dem 17. Jahrhundert üblicherweise doppelt. Nur auf kleinerer Schiffen fuhr man einfache Stagtakel, die mit einem gespleißten Auge über den Masttopp gelegt waren.

Der Hanger des Stagtakels war auf englischen oder nach englischen Muster getakelten Schiffen mit einem Hufeisenspleiß, Kuttspleiß oder gezurrtem Auge über die Wanten über das Grosstopp geschoben, bei kontinentalen Schiffen nach Art eines Stags, jedoch ohne Maus, dafür mit einem Augbänsel wie für doppelte Wanten (s. auch Kap. Wanten und Stage).

Der Aufholer wurde am Focktopp oder/und in der der Fockmars befestigt (s. dazu beigefügte Zeichnungen).
Bestand der Aufholer aus einem einzigen, fest montiertem Tau (A), so war seine Stärke $^{2}/_{3}$ des Hangers. Bestand er aus einem Takel (B), so war seine Stärke $^{1}/_{2}$ des Hangers.

Zwischen diesen beiden Tauen wurde ein Violinblock aufgehängt und mit einer

A

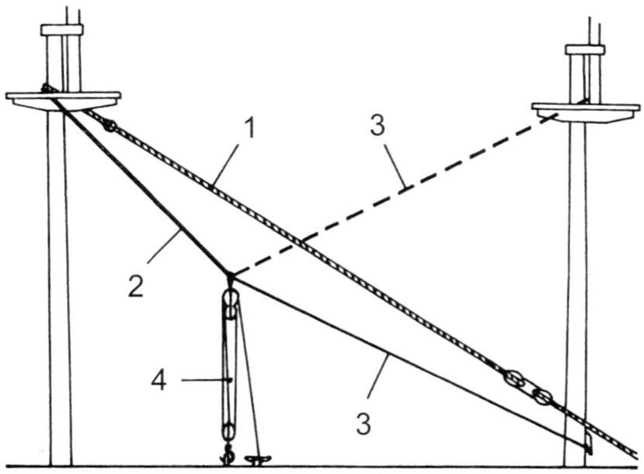

Stag-Ladetakel 17. bis 18. Jahrhundert (meist einfach).

B

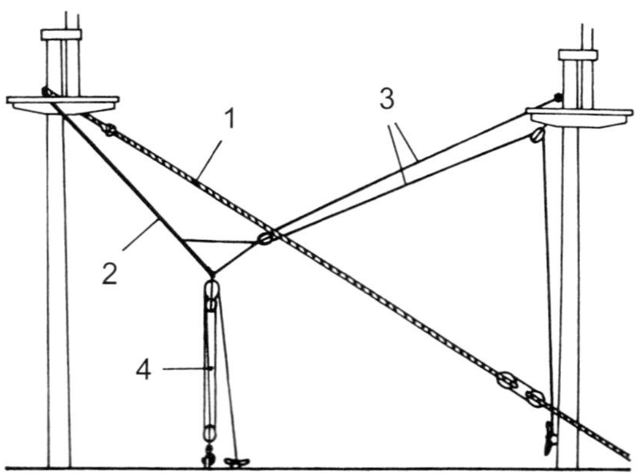

Stag-Ladetakel 16. bis 17. Jahrhundert (meist einfach).

C

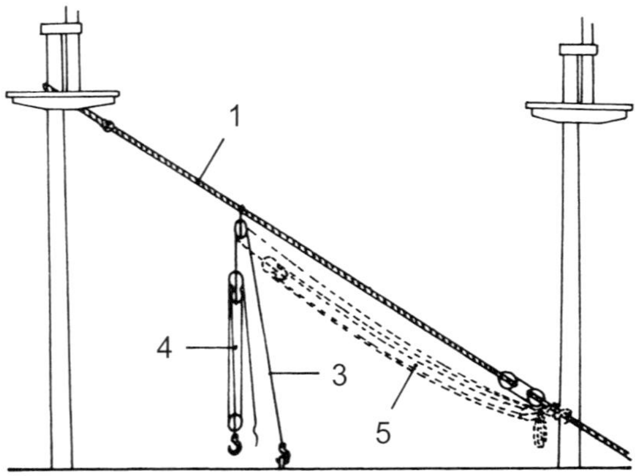

Stag-Ladetakel 18. Jahrhundert (meist doppelt).

D

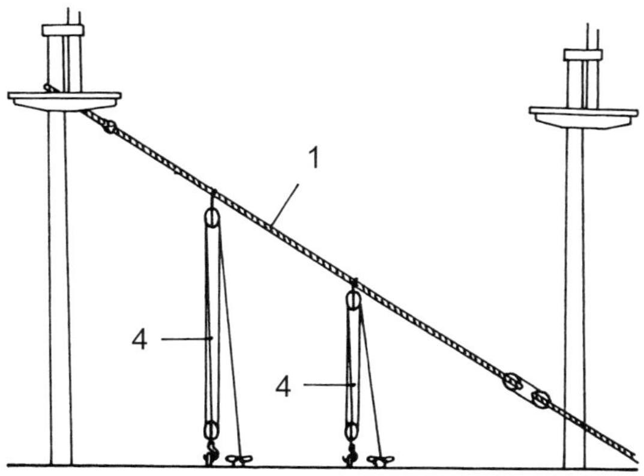

Stag-Ladetakel 18. bis 19. Jahrhundert (meist doppelt).

Stag-Ladetakel:
1. Goßstag, 2. Hanger, 3. Aufholer, 4. Takel, 5. Ruhestellung.

Talje mit einem unteren Block verbunden, an den wiederum ein Haken angestroppt war (A und B).
Die Methode, das Stagtakel direkt am Großstag anzusetzen (C und D) kam etwa Mitte des 18. Jahrhunderts in Gebrauch, ohne aber die anderen Formen zu verdrängen.
In Ruhestellung wurden die Haken des Stagtakels in einem Ring an Deck festgehakt, die Taljen an einer Klampe an Deck belegt (C und D). Gelegentlich wurde besagter Haken samt Tauen auch am unteren Stagblock oder an der hinteren Backreling eingehängt (Abb. C).

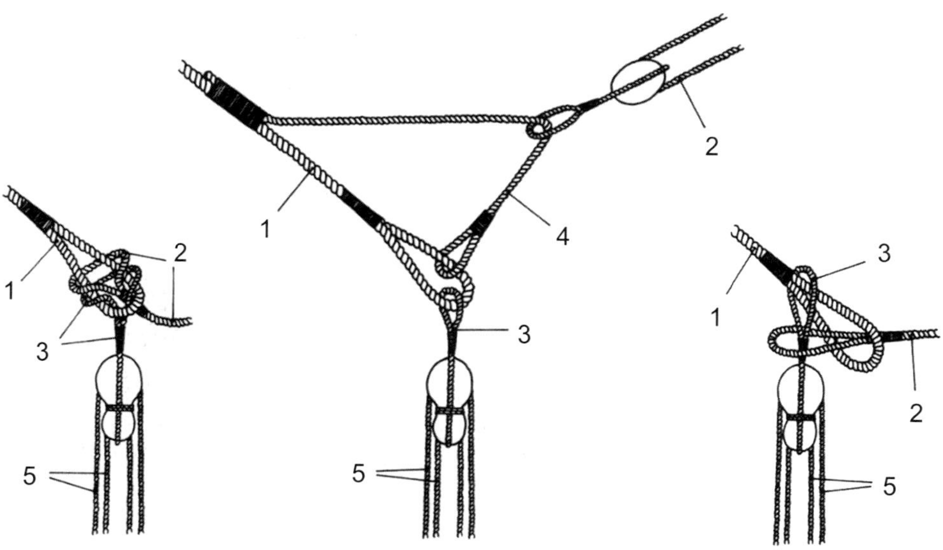

Stagtakel Aufhängung des oberen Blocks:
1. Hanger, 2. Aufholer, 3. Blockstropp, 4. Legel, 5. Takel.

Modellbau

Seitenladetakel werden als erstes um um Masttopp gelegt, also noch *unter* den entsprechenden Wanten.
Stagtakel werden wie die Stage *über* die Wantzurrings gelegt.

Fässer und Tonnen

Eigentlich sind sie für einen Modellbauer – es seit denn, er will ein Querschnittmodell bauen (s. Band 11 Allerlei Exoten, Kap. Querschnittmodelle) uninteressant, da sie tief im Schiffsrumpf, unsichtbar, gelagert waren.
Von so manchem Baukastenmodell einmal abgesehen, bei dem irgendwelche Fässer unverzurrt und ungesichert irgendwo herumstehen – historisch absoluter und sogar gefährlicher Blödsinn – mag es ganz interessant sein, was mit den Ladetakeln so alles in den Rumpf eines Schiffes hinein gehievt werden musste. Fässer und Tonnen waren ideal zum Verladen, da sie mit ihrer runden Form keinesfalls die Außenhaut des Schiffes beschädigten und sich im Laderaum optimal an die gekrümmten Außenwände anschmiegten (anders als etwa eckige

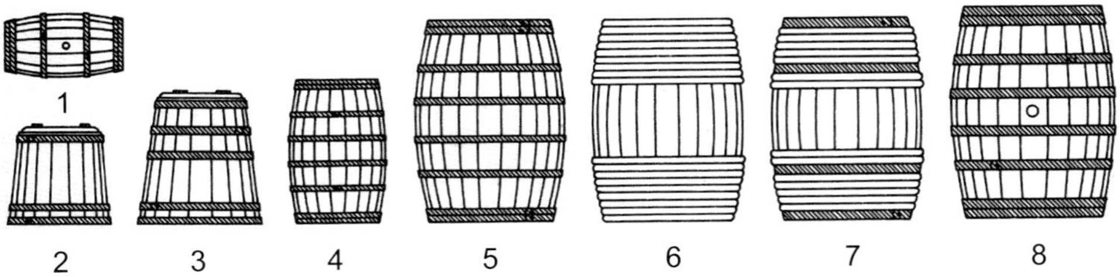

Fässer und Tonnen, wobei in diesem Beispiel die „schwedische Tonne" (Tunna) = 128 Liter = 256 Pfund das Grundmaß bildet (in Gewicht und Inhalt waren englische und kontinentale Tonnen weitgehend ähnlich):
1. Fässchen zu 1/25: Die kleinste Einheit, verwendet für kostbare Flüssigkeiten wie Schnaps, Wein oder Öl.
2 . Kufe zu 1/20: Ein konisches Fässchen mit Klappdeckel, in dem Butter, Schmalz oder Käse gelagert wurde.
3. Kufe zu 1/10: In dieser größeren Variante wurden Frischfleisch, Speck, Käse und manchmal Eier aufbewahrt.
4. Fässchen zu 1/8: Vor allem für das, auch Feinkraut oder Zündkraut genannte, Feinpulver verwendet. Matrosen benützten ausgediente Fässchen dieser Größe auch gerne als Seemannskisten, um ihre persönliche Habe darin unterzubringen.
5. Fass zu 1/4: Häufig als „Stückfass" bezeichnet. In ihnen wurde das Schießpulver aufbewahrt. Sie waren, wie auch die Feinpulverfässchen, innen mit Segeltuch ausgekleidet und mit Kupferreifen beschlagen, da Kupfer keine Funken erzeugt.
6. Fass zu 1/4: Fässer für Mehl und Zwieback waren nicht mit Eisen, sondern mit Reifen aus Weidenruten beschlagen.
7. Fass zu 1/4: Fässer für Pökelfleisch, Trocken- und Salzfisch, die allerdings zusätzlich Eisenreifen aufwiesen.
8. Fass zu 1/2: In ihnen wurde vor allem Hülsenfrüchte gelagert. Wenn sie, was oft der Fall war, als Behälter für Zwieback verwendet wurden, so waren sie bei gleicher Größe in der Art der Mehlfässer gefertigt.

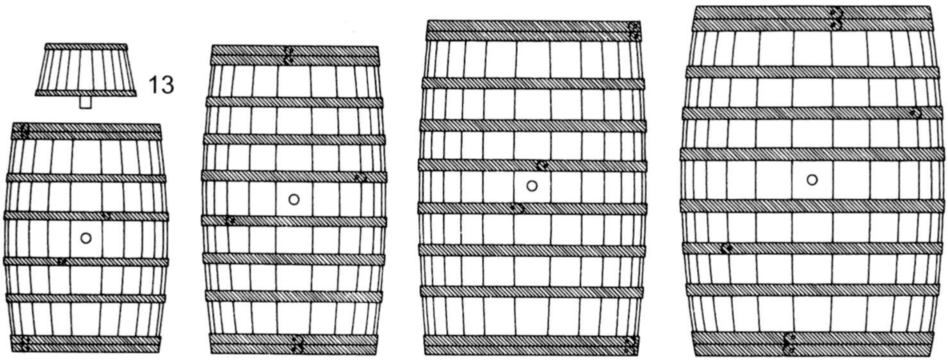

9. bis 12. Tonnen der Größen 1 bis 4: In ihnen wurde Wasser und Bier transportiert. Die „Wasserlieger", gestaut im untersten Raum (s. auch Band 3 Der Rumpf S. 356 Abb. A und C), machten einen beträchtlichen Teil des Ballastes aus – für drei Monate eines Schiffes von der Größe der Wasa hätte man ca. 300 der größten Fässer zu 512 Liter benötigt.
Natürlich mussten die Tonnen regelmäßig umgeschichtet werden, um die leeren nach unten und die vollen nach oben zu schaffen – eine mühsame und bei Seegang auch nicht ungefährliche Arbeit.
13. Befüllt wurden die Tonnen mit einem hölzernen Trichter. Um das Gewicht des Ballastes zu gewährleisten wurden auf längeren Fahrten leere Wassertonnen vielfach mit Seewasser befüllt, ehe sie im untersten Raum verschwanden.

Holzkisten – und Säcke wären für Feuchtigkeit viel zu anfällig gewesen).
In der Antike transportierte man nahezu alles in mehr oder minder großen Amphoren aus Ton.
Seit den sehr frühen Mittelalter in Fässern und Tonnen: Wasser und Bier, Hülsenfrüchte, Mehl und Zwieback, Trocken- und Salzfisch, Schießpulver, Butter und Käse, Schnaps, Wein und Öl, oder auch Quittenmarmelade für den Kapitän. Auf Handelsschiffen etwa Geschirr und Tuche, Flachs, Honig, Teer, Waltran und auch gedruckte Spielkarten und gar Bücher – kurz nahezu alles, was auf dem Seeweg transportiert werden sollte.

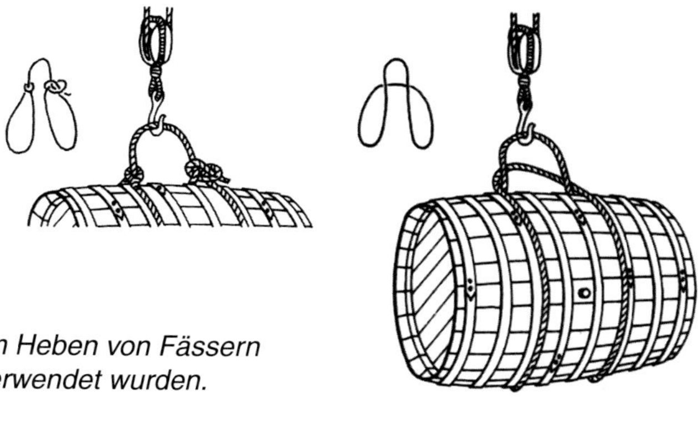

Tonnenschlingen wie sie zum Heben von Fässern und Tonnen üblicherweise verwendet wurden.

Rahtakel

Im 18. Jahrhundert erfreuten sich vor allem in England an den Nocken von Groß- und Fockrah angeschlagene Rahtakel einer gewissen Beliebtheit. International so wirklich durchsetzen konnten sie sich freilich nicht.

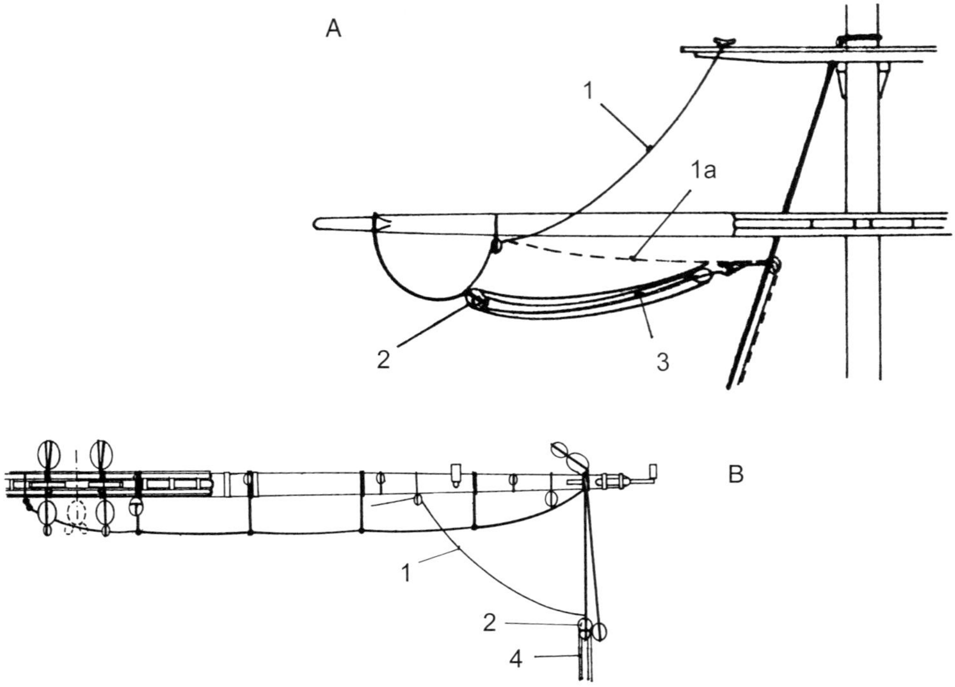

Rahtakel: A. seit etwa 1720, B. nach 1770.
1. Aufholer, 1 a. Aufholer Variante, 2. oberer Block, 3. Takel in Ruhestellung an den Wanten eingehakt, 4. Takel in Ruhestellung an der Rah befestigt.
(Zeichnungen von Karl Heinz Marquardt, Mountrose, Victoria AUS)

Pferde

Nicht der Hund, das Pferd ist des Menschen bedingungslos ergebener Diener und manchmal auch Freund. Eigentlich ein „Fluchttier", vertraut es blindlings seinem Reiter, auch wenn der es zu akrobatischen Kunststückchen verführt (moderne Sport-Dressur) oder es zwang, in den Pfeil-, Blei- und Eisenhagel einer Schlacht zu galoppieren.
Da natürlich die Eroberer näherer und fernerer Länder, ob Normannen, Kreuzritter, spanische Conquistadoren oder Engländer, auf ihre treuen und in der Schlacht höchst wirkungsvollen Gefährten nicht verzichten wollten, mussten Pferde immer wieder auch auf Schiffe verladen werden.
Im frühen und hohen Mittelalter genügte dafür eine entsprechende Laufbrücke vom Kai auf das Schiff.

Pferdetransporter Herzog Wilems von der Normandie (Wilem dem Bastard, der nach der Eroberung Englands Wilem der Eroberer genannt wurde, aus dem Wandteppich von Bayeux aus der zweiten Hälfte des 11. Jahrhunderts.
(Original im Musée de la Tapesserie de la Reine Mathilde, Bayeux)

Frachtgaleere des 15. Jahrhunderts mit Pferdestall an Deck.
(Original in Bernhard von Breydenbach „Perigration in Terram Sanctam“ 1486. Sein Zeichner, Erhard Reuwich, der den Ritter begleitete, war ein exzellenter Beobachter)

Pferdeluke auf einem Mittelmeerfrachter des späten 14. Jahrhunderts. Auch in Nordeuropa gab es sie (s. S. 98). Bei allen Einschränkungen, die man für den Meister WA machen muss (er zeichnete offenkundig nach einem Votivmodell), dieses Detail – auf See natürlich verschalkt – ist absolut glaubwürdig. (Zeichnung eines unbekannten Meisters im frühen 15. Jahrhundert)

Im späten Mittelalter gab es „Pferdeluken“, um die Tiere einigermaßen problemlos an Bord bringen zu können.
Als im 16. Jahrhundert die Pferdeluke verschwand, war das „Einsetzen“ von Pferden ein schwieriges Unterfangen: Zunächst wurde dem Pferd eine Tragematte umgelegt. Dann wurde es mit Hilfe von Takeln, wobei die entsprechend abgefierte Großrah als Ladebaum diente, durch die Großluke in seinen Stall unter Deck geschafft. Da vor allem Kriegspferde auf Temperament und sogar Aggressivität gezüchtet waren, schlugen sie nicht selten wild mit ihren Hufen aus (was so manchem Matrosen ernsthafte Kopfschmerzen und Knochenbrüche bereitet haben dürfte). Im Stall blieben sie in ihrer, an den Deckbalken verzurrten, Tragematte, damit sie nicht umfielen und sich etwa die Beine brachen. Ob es bereits im Mittelalter solche Tragematten gab, entzieht sich, dank des Fehlens von entsprechenden Abbildungen, meiner Kenntnis – logisch und sinnvoll wären sie allemal gewesen.

Für die treuen Pferde, aber auch für ihre Reiter, endeten solche Abenteuer nicht selten so, wie es Hans Ulrich Frank im 30-jährigen Krieg (1618–1648) höchst realistisch und schonungslos zeichnete. (Kopie des Autors nach einem Original)

Mit Hilfe einer Tragematte und der Goßrah als Ladebaum wurden seit dem späten 18. Jahrhundert Pferde auf Schiffen „eingesetzt".
(Zeichnung von Ray Woodward, Poole Dorset)

Kisten

Fässer und Tonnen waren teuer. Und je mehr das Böttcherhandwerk in den Hafenstädten aufblühte, um so teurer wurden sie – und manche empfindliche Güter, etwa Papier, wertvolle Stoffe, chinesisches Porzellan oder auch Schießpulver – ließen sich eben nur so sinnvoll verpacken.

Eckige Kisten waren den Seeleuten und Stauern ein Gräuel, da sie sich nicht vernünftig an die gebogenen Bordwände anschmiegen ließen, viel Stauraum also verloren ging. Andererseits waren solche Kisten beim Weitertransport auf dem Landweg sehr viel praktischer als Fässer.
Kurz nach der Mitte des 19. Jahrhunderts erfanden die Chinesen ein System

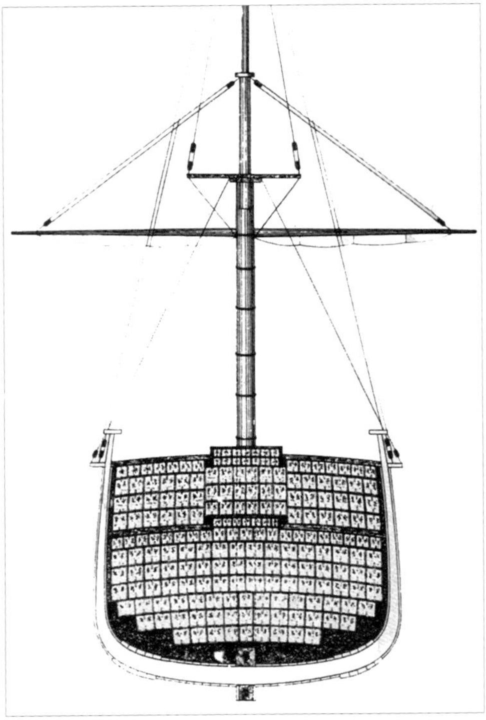

Entwurf für die Beladung eines Teeklippers von einem Ingenieur aus den 60er-Jahren des 19. Jahrhunderts. Die chinesischen Arbeiter konnten es aber noch sehr viel besser! (Zeichnung von Stephen Morton Prichard, National Maritime Museum, London-Greenwich)

Konservendosen mit kanadischem Lachs konnten sinnvoll ebenfalls nur in viereckigen Kisten verpackt werden. In Naknek, Alaska, hieven um 1900 Seeleute Kisten mit Lachs in Konservenbüchsen an Bord eines Schiffes in Richtung Europa. (Foto im National Maritime Museum in San Francisco, USA)

von Teekisten, wobei sie kleine „catty boxes“ in die Schiffsrundungen stellten (und sogar mit Hämmern vorsichtig hinein schlugen), so dass ein Kapitän lobte, dass die Oberfläche des Laderaums „wie ein schönes, von vorn bis hinten ebenes Deck aussah“.
Heute wird, von einigen Spezialfrachten wie Öl, Gas und leicht verderblichen Waren abgesehen, nahezu alles (von der hoch komplizierten Maschine bis zum Hausrat eines Auswanderers) in „Großkisten“, auch „Container“ genannt, transportiert.

Schüttgut

Massenfrachten wie Salz, Kohle, Erze, Gleisschotter für die Eisenbahnen aber

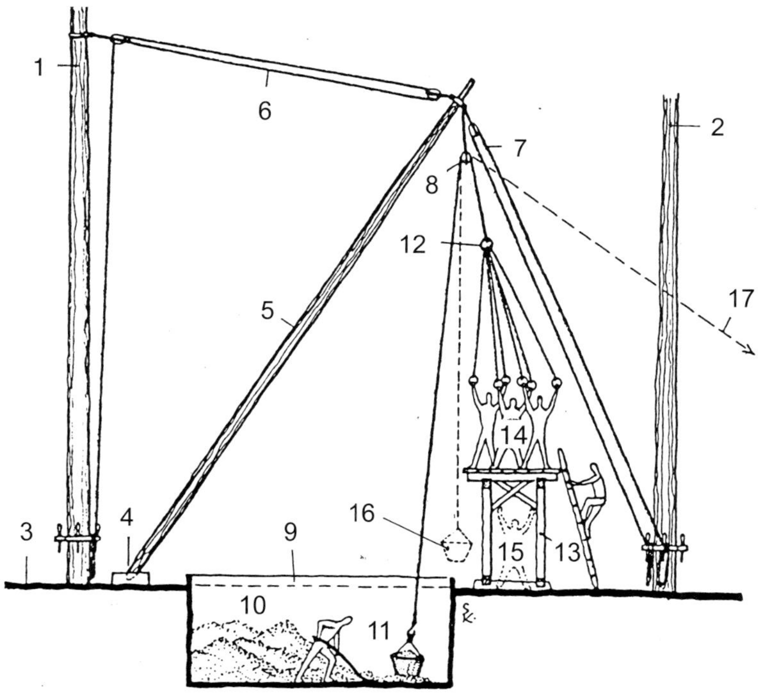

Schematische Darstellung einer „Wippe“, wie Ladebäume im 18. bis ins 19. Jahrhundert vielfach genannt wurden. Seit dem späten 19. Jahrhundert waren Ladebäume nicht nur ein provisorischer, sondern ein fester und unabdingbarer Bestandteil aller Frachtschiffe.
1. Großmast, 2. Fockmast, 3. Deck, 4. Spur, runde Ausnehmung gefettet, 5. Ladebaum, Wipp-Baum, 6. Jolltaue, Talje, Flaschenzug, 7. Jolltau zum Niederhalten des Ladebaums in der Spur, 8. Block für Hebeseil, 9. Ladeluke, 10. Schüttgut, 11. Ladekorb, 12. Ring mit Tauenden für die Männer, 13. erhöhte Plattform, 14. Matrosen, die 15. an Deck herunter sprangen und 16. so den Ladekorb hochzogen, dessen Inhalt dann mit einer Rutsche an Land befördert wurde, 17. Seil für Pferdezug.
Anmerkung: Das Springen war nur in England üblich, auf dem Kontinent verwendete man die Zugkraft von Pferden von Land aus, was aber langsamer ging.
(Zeichnung nach J. H. Röding, ALLGEMEINES WÖRTERBUCH DER MARINE, Hamburg 1793)

auch Weizen wurde nicht mehr in Fässern verladen, sondern einfach in den, inzwischen optimal abgedichteten, Schiffsbauch verfüllt. Allenfalls Weizen wurde in billige Säcke verpackt.
Im 18. Jahrhundert wurde diese Methode vor allem auf Binnengewässern eingesetzt und eroberte Anfang des 19. Jahrhunderts auch die Küstenschiffahrt.
Auch die meisten Fischereifahrzeuge waren, und sind vielfach noch heute, „Schüttgut"-Frachter, deren Fang einfach in den Laderaum gekippt wurde. Damit die Ware frisch blieb ersann man einige spezielle Techniken (s. auch Band 5 BOOTE UND KLEINFAHRZEUGE).
Die legendären „Windjammer" im späten 19. bis über die Mitte des 20. Jahrhunderts waren ebenfalls Schüttgutfrachter, die Salpeter aus Chile oder Weizen aus Australien nach Europa schafften.
Geriet solch eine Ladung im Sturm freilich ins Rutschen, dann war das Schiff unrettbar verloren wie die PAMIR 1957 südwestlich der Azoren, die 80 Menschen, darunter 45 junge Seeoffiziersanwärter mit in den Tod riss. Obwohl damals die wohl größte Rettungsaktion zur See anlief, an der sich 78 Schiffe beteiligten, konnten nur sechs Überlebende geborgen werden.

Kühlfracht

Der 1842 in Thurnau (Landkreis Kulmbach) geborene Carl von Linde entwickelte1879 in seiner „Gesellschaft für Lindes Eismaschinen" (heute Linde AG) eine mit Ammoniak als Kältemittel arbeitende Kältemaschine.
Die Schifffahrt griff die Idee begeistert auf, denn nun waren auch Gefrierfleisch, Eier, Butter und exotische Früchte relativ problemlos über den Atlantik zu transportieren. Bereits in den frühen 80er-Jahren liefen die ersten speziellen Kühlschiffe von Stapel. Diese Schiffe waren nicht besonders groß, dafür um so schneller, denn bei aller Kühltechnik sollte die Fracht so rasch als möglich ihren Zielhafen erreichen (s. dazu auch Band 6 SICHTBARE SCHIFFSMASCHINEN).

Die 1881 in Frankreich erbaute FRIGORIFIQUE war eines der ersten Kühlschiffe, das Gefrierfleisch von Uruguay nach Frankreich transportierte.
(Stich in Chambre de Commerce et d'Industrie, Marseille)

Wanten

Die Aufgabe der Wanten (auch „Hoofdtaue“ genannt) war es den Mast bzw. die Stengen nach rückwärts und vor allem nach den Seiten abzustützen.

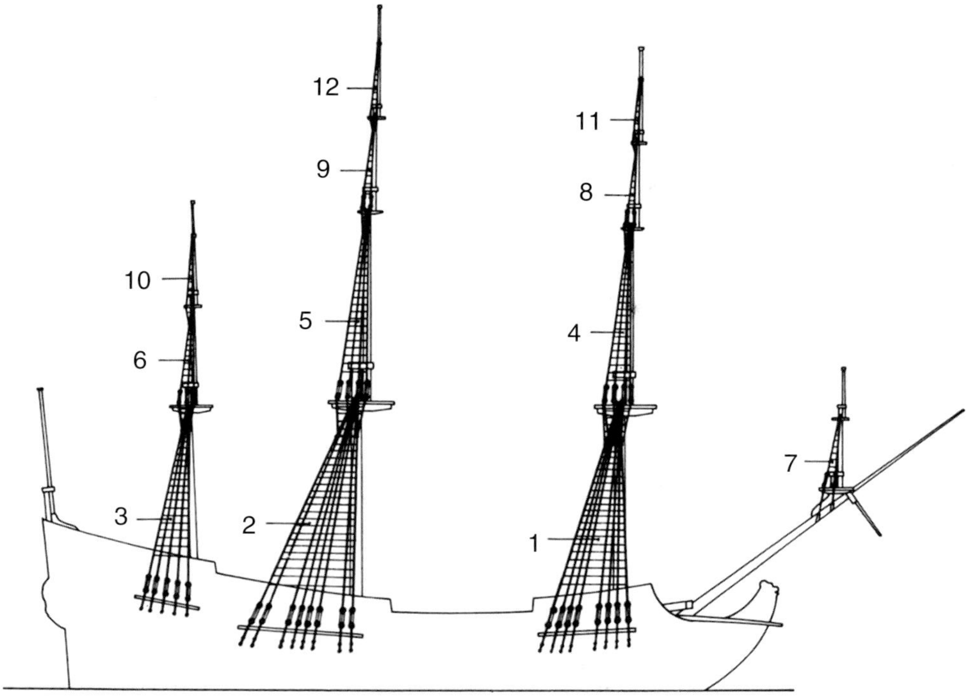

1. Fockwanten, 2. Großwanten, 3. Besanwanten, 4. Fockstengewanten, 5. Großstengewanten, 6. Besanstengewanten, 7. Sprietmastwanten, 8. Fockbramwanten, 9. Großbramwanten, 10. Besanbramwanten, 11. Fockroyalwanten, 12. Großroyalwanten.

Wanten auf einem ägyptischen Schiff des Alten Reiches (4. Dynastie um 2500 v. Chr.). (Bemaltes Relief im Kunsthistorischen Museum, Wien)

Wanten auf einem großen römischen Frachter, der mit „vollem Zeug“ vor dem Wind segelt, 2. Jahrhundert n. Chr.
(Relief auf einen Sargdeckel im Nationalmuseum Beirut/Libanon)

Nachdem man bis ins 14. Jahrhundert im Durchschnitt mit drei bis maximal fünf Wantenpaaren ausgekommen war, stieg die Zahl der Wantenpaare im 15. und 16. Jahrhundert sprunghaft an. Ein Dutzend Wantenpaare (das Paar immer jeweils steuerbord-backbord gerechnet) am Großmast war fast die Regel, 14 Paare bildeten keine Ausnahme, und manche Schiffe brachten es auf 18 bis 20 Paare.

Zweites Siegel von Rye, spätes 13. Jahrhundert.

Ältestes Siegel von Yarmouth, ca. 1280.

Zweites Siegel von Faversham, Ende 13. Jahrhundert.

Drittes Siegel von Rye, 14. Jahrhundert.

Wanten, welche den Mast nach hinten und vor allem nach den Seiten abstützten, waren im Mittelalter und schon seit der Antike ganz einfach normal und ein „Muss“. (Vier Zeichnungen von Stadtsiegeln von Werner Zimmermann, Augsburg)

Gegen Ende des 16. Jahrhunderts begann man (nicht zuletzt dank Matthew Baker), diesen Wust wieder auf ein vernünftiges Maß zu reduzieren. Bei großen Schiffen pendelte sich die Anzahl der Wantenpaare für den Großmast bei 9 bis 11, am Fockmast bei 8 bis 10, am Besanmast bei 4 bis 6 ein. Kleinere Schiffe verfügten am Großmast über 6 bis 7 Paare, am Fockmast 5 bis 6, am Besanmast 3 bis 4 Paare. Diese Zahlen blieben dann bis Ende des 19. Jahrhunderts allgemein gültig.

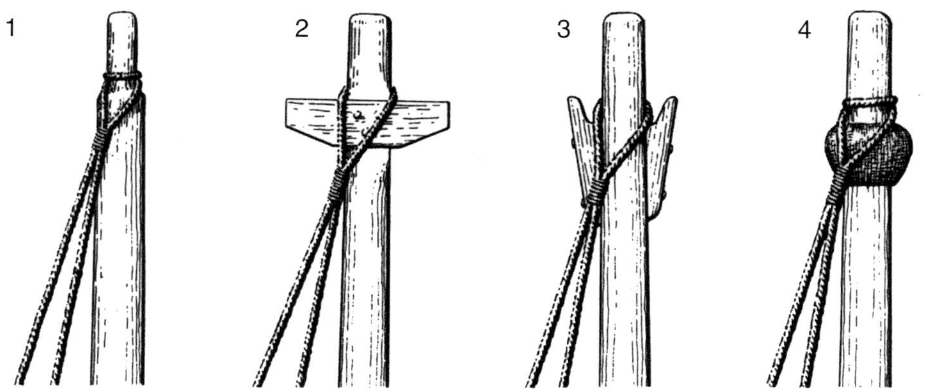

Befestigung am Topp von Wanten im Früh- und Hochmittelalter, später vielfach noch auf kleinen Schiffen/Booten: 1. gestuftes Topp, 2. Topp mit Saling, 3. Topp mit Klampen, 4. Topp mit Maus, später Hummer. (Zeichnungen von Werner Zimermann, Augsburg)

Wantenspann

Das Prinzip blieb über Jahrtausende gleich:
Jeweils zwei Wanten bildeten einen *Spann*. Das bedeutet: In der Mitte eines Taus von gut (!) doppelter Länge des Abstands Rüste – Masttopp wurde eine stehende Schlaufe bzw. ein Auge eingebunden, das ein klein wenig weiter war als der Masttopp, über den gestülpt wurde und zwar so, dass beide Taue des Spanns jeweils gemeinsam auf der gleichen Seite herunterkamen – abwechselnd an Steuerbord und an Backbord, wobei man mit den vordersten (bugwärts unterstem) Spann Steuerbord anfing. Bei ungerader Zahl der Wantenpaare wurde das letzte Paar entweder mit einem gespleißten Legel jeweils einzeln angesetzt, oder mit Hufeisenspleiß, Kuttspleiß oder gezurrtem Auge über den Masttopp gestülpt, wobei dann das eine Tau steuerbords, das andere backbords abwärts fuhr.

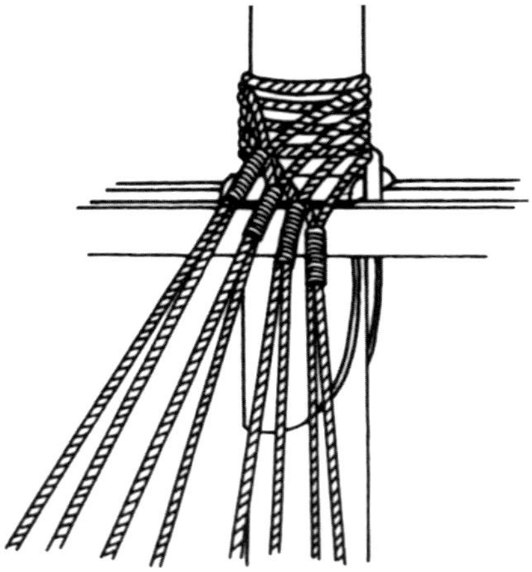

Links: Wantflechting am Topp.

Unten: Flechtingsleger für Wanten und Pardunen: 1. Augbändsel für doppelte Wanten und Pardunen, 2. am Topp gekleidet (seit dem späten 17. Jahrhundert obligatorisch), 3. gespleißter Legel für einfache Wanten und Pardunen, 4. Hufeisenspleiß (rechts gekleidet) für einfache Wanten und Pardunen, 5. Kuttspleiß und 6. gezurrtes Auge für einfache Wanten und Pardunen.

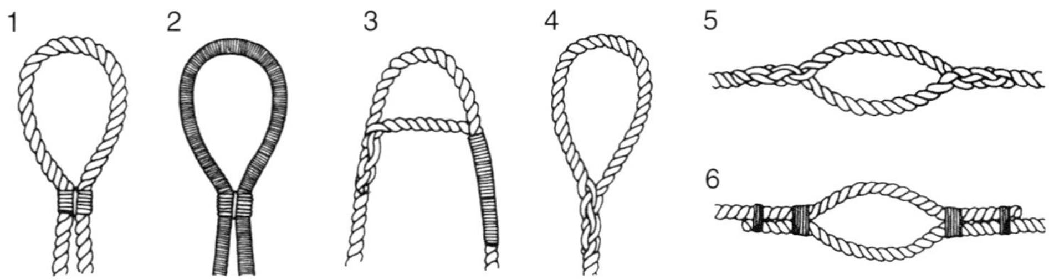

Tauschlag

„Der genaue historische Zeitpunkt ist nicht geklärt, doch spätestens seit der zweiten Hälfte des 16. Jahrhunderts setzte sich die Gewohnheit durch, gegenläufig geschlagene Taue für die Steuerbord- und Backbordwanten zu verwenden. Dabei wurde es zur Regel, dass man Backbord *rechts* geschlagene, Steuerbord *links* geschlagene Taue für die Wanten verwendete."
So schrieb ich noch im Winter 2010, als ich den Text für diesen Band verfasste. So hatte ich es in zahllosen Fachbüchern gelesen und zweifelte keinen Augenblick an der Wahrheit des Gelesenen.

Doch dann machte mich Herr Thomas Feige, nicht nur ein wahrer Freund, sondern auch ein ausgewiesener Kenner zumal von Schiffen des 17. Jahrhunderts, auf etwas sehr wichtiges aufmerksam und fragte:
„Hat irgend jemand, der diese Behauptung aufgestellt hat, auch jemals einen echten historischen Beweis geliefert?"
„Nicht dass ich wüsste", musste ich kleinlaut zugeben.
War ich da einer gewissen Wissenschaftlichkeit aufgesessen? Einer Wissenschaftlichkeit, die vom Vorbuch und dieses vom Vorvorbuch irgendwelche Fehlinformationen abgeschrieben hat im blinden Vertrauen, dass der Vor-Vorgänger schon gewusst habe, was er da schreibt. Das ist ein Problem, dass gerade ich als Historiker ja eigentlich nur zu gut kennen müsste!
Und dann konfrontierte mich Thomas knüppel hart mit der historischen Realität:
„Hast du dir einmal das Modell des HOLLÄNDISCHEN ZWEIDECKERS VON 1660/1670 genau angeschaut?"
Das Originalmodell verbrannte im Weltkrieg, doch es gibt immer noch hervorragende Fotos davon und ich besitze auch das Buch von Heinrich Winter aus dem Jahr 1967.

Das in jeder Beziehung hervorragende und original getakelte Modell eines HOLLÄNDISCHEN ZWEIDECKERS von 1660/1670 im Maßstab 1:21 stand im ehemaligen Schloss Monbijou in Berlin. Es ist die vielleicht beste Quelle zu Schiffen jener Epoche. Obwohl im Weltkrieg zerstört, existieren nach zahlreiche Fotos des Modells.
(Foto von Wolf-Dietrich Wagner in DER HOLLÄNDISCHE ZWEIDECKER von 1660/1670)

Die Fockmars des HOLLÄNDISCHEN ZWEIDECKERS von 1660/1670 von achtern gesehen.
Alle Wanten sind rechts geschlagen, die Unterwanten historisch exakt gewurmt.
(Foto von Wolf-Dietrich Wagner in DER HOLLÄNDISCHE ZWEIDECKER von 1660/1670)

Stage und sogar Ankertaue waren auf diesem original getakelten Modell aus der frühen zweiten Hälfte des 17. Jahrhunderts korrekt säuberlich gewurmt, aber auch eindeutig rechts geschlagen.
(Foto von Wolf-Dietrich Wagner in DER HOLLÄNDISCHE ZWEIDECKER von 1660/1670)

Und was ich da bei näherem Zusehen entdeckte, war, zugegeben, ein leichter Schock für mich:
Das Modell war im Maßstab 1: 21 (ein Maßstab in dem man wahrhaft auch winzigste Detail darstellen kann und in diesem Fall fraglos auch dargestellt hat!) original und nach besten Unterlagen vom Kiel bis zum Masttopp erbaut.
Doch da gab es nirgendwo *links*, sondern ausschließlich *rechts* geschlagene, sorgsam gewurmte, Wanttaue.
Es gab nicht einmal links geschlagene Stage, nicht einmal links geschlagene Ankertaue!

Ganz so schnell wollte ich mich aber doch nicht geschlagen geben. Also nahm ich alles an Originalmodellen von der Mitte des 16. bis Ende des 17. Jahrhunderts nochmals genau unter die Lupe. Und so zahlreich und prachtvoll etwa die Admiralty Models seit der zweiten Hälfte des 17. Jahrhunderts sein mögen, original, also zeitgenössisch getakelte Modelle sind eine echte Rarität!
Da gibt es das Modell im Bayrischen Nationalmuseum, München, einer Galeone aus der Mitte des 16. Jahrhunderts: Keine Spur von links geschlagenem Tauwerk.

Original getakelte Galeone aus der zweiten Hälfte des 16. Jahrhunderts – mit höchster Wahrscheinlichkeit ursprünglich ein, allerdings mit größter Meisterschaft von einen wirklichen Experten gefertigtes, Votivmodell. (Modell im Nederlandsch Historisch Scheevarts Museum, Amsterdam)

Originales Spielzeugmodell von Phineas Pett für den späteren König Charles II. Um 1600. (Modell in der Ashmolean Collection, Oxford)

Admiralty Model der HMS Prince von 1670 mit durchgehend links geschlagenem Tauwerk – nur wurde das Modell erst im 19. Jahrhundert zu Museumszwecken aufgetakelt, d. h. die Takelage, so tadellos sie erscheinen mag, hat historisch keinen relevanten Wert. (Modell im Science Museum, London)

Da gibt es das Modell einer Galeone aus der zweiten Hälfte des 16. Jahrhunderts im Nederlandsch Historisch Scheevart Museum, Amsterdam: Links geschlagenes Tauwerk – Fehlanzeige.
Da gibt es ein Modell in Oxford, Ashmolean Collection, das der berühmte Schiffsbaumeister Phineas Pett um 1600 für den späteren englischen König Charles II. Gebaut hat: Auch hier kein Fitzelchen links geschlagenes Tauwerk.
Und dann schien ich doch noch für einen Augenblick fündig zu werden: Das Admiralty Model der HMS Prince von1670 Science Museum, London. Leider hat das Modell zwei gravierende Fehler. Zum einen war hier das *gesamte* Tauwerk links geschlagen, und zum anderen war der Admiralty-Rumpf erst sehr viel später für Museumszwecke überhaupt aufgetakelt worden …

Nun offenkundig war ich da – schon in meinem erstmals 1977 erschienenen Buch HISTORISCHE SCHIFFSMODELLE – einem Gerücht einer „wissenschaftlich" verbreiteten Legende aufgesessen.
Falls Sie Beweise für abwechselnd recht und links geschlagene Wanttaue haben: Bitte schreiben Sie mir! Ich werde das, natürlich mit voller Nennung des Namens, in Band 12 FLAGGEN, LEXIKON UND NACHTRÄGE veröffentlichen.

Die Taue selbst wurden spätestens ab der zweiten Hälfte des 16. Jahrhunderts in der Regel mit Würmern versehen.
Ab Mitte des 16. Jahrhunderts und etwa ab 1680 auch auf dem Kontinent wurden alle Augen um den Masttopp gekleidet. Zunächst bis zur Zurring, bald aber schon herab bis knapp unter die „Wurst".
Das jeweils erste Want bugwärts wurde ab der ersten Hälfte des 17. Jahrhunderts vollständig gekleidet (s. auch Bd. 8 TAUE, BLÖCKE UND SEGEL Kap. Wurmen und Kleiden S. 16 f) also dort wo ein Segel oft die Wanten berühren und so schamfielen konnte.
Im 19. Jahrhundert wurden gelegentlich auch die weiter achtern stehenden Wanten gekleidet; durchgesetzt hat sich das nicht.
Bekleidungen am unteren Ende des Wants, wo es die Jungfer oder die Kausch der Spannschraube umfasste, kamen erst im Laufe des 19. Jahrhunderts auf.

Mitte des 19. Jahrhunderts wurden, zumindest auf größeren Schiffen, die Hanftaue durch Stahltaue ersetzt, die selbstverständlich voll gekleidet waren (s. auch Bd. 8 Kap. Stahl-Taue S. 21).

Modellbau:

Alle kommerziell erhaltbaren „Taue" sind *rechts* geschlagen!
Und so war es dann wohl für Wanten auch in der historischen Realität.

Für den Modellbauer ist es zweckmäßig, die Wanttaue zunächst einmal herzurichten, also zu wurmen, entsprechend zu kleiden und sie dann sämtlich am Masttopp zu befestigen. Die lose herunterkommenden Enden lässt man zunächst durchaus bis zur Wasserlinie *frei hängen*.

Ganz praktisch:
Es ist jetzt zunächst einmal höchst sinnvoll, die Stage (s. Kap. Stage) zu fertigen, über den Masttopp zu stülpen und sie, zumindest provisorisch, steif zu setzen!
Die Masten sind durch die Seitentakel nach Steuerbord und Backbord bereits mittig in die richtige Position gebracht. Durch die Stage erhalten sie auch ihren entsprechend korrekten Fall!
Erst wenn dieser *Zugausgleich* tatsächlich „steht", darf man weiter takeln!
Selbst wenn in diesem Bauabschnitt Ihr Modell ein wenig „chaotisch" aussieht, lassen Sie sich da keinesfalls von irgendwelchen Laien beirren, sonst ist jede Menge Verdruss vorprogrammiert!

Unterwanten

Wanten sind als Abstützungen nach den Seiten und nach hinten üblich seit es Masten gab und sind entsprechend auch auf ältesten Schiffsdarstellungen zu finden. Die Unterwanten wurden mit Jungfern, zeitweise auch mit Dodshooften steif gesetzt.

Einbinden der Jungfern

Am unteren Ende der Wanten wurden Jungfern eingebunden, mit denen das Wanttau steif gesetzt wurde.
Die oberen Jungfern sollen alle in gerader Linie parallel zu den Rüsten stehen! Das hatte zwar keinen technischen, aber einen hohen ästhetischen Stellenwert.

Sitz der Wantjungfern (oben) zu den Rüstjungfern (unten) und den Rüsten.
1. Richtig! Wantjungfern in einer Linie parallel zu den Rüsten.
2. Falsch! Wantjungfern steigen nach links an.
3. Falsch! Wantjungfern sitzen in unterschiedlichen Höhen.

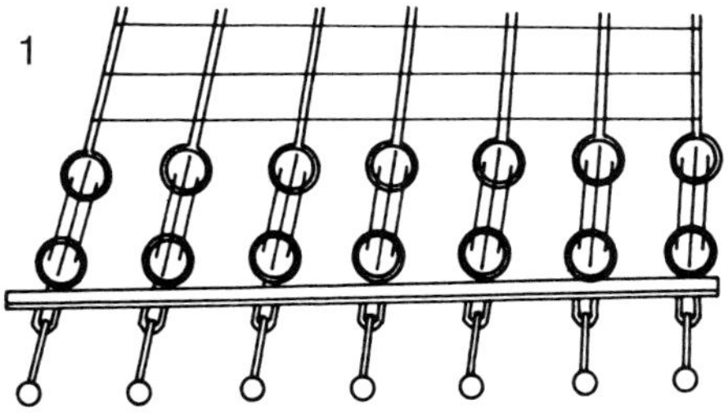

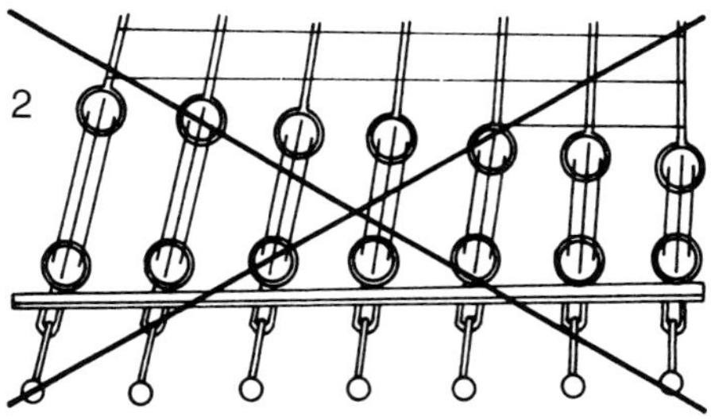

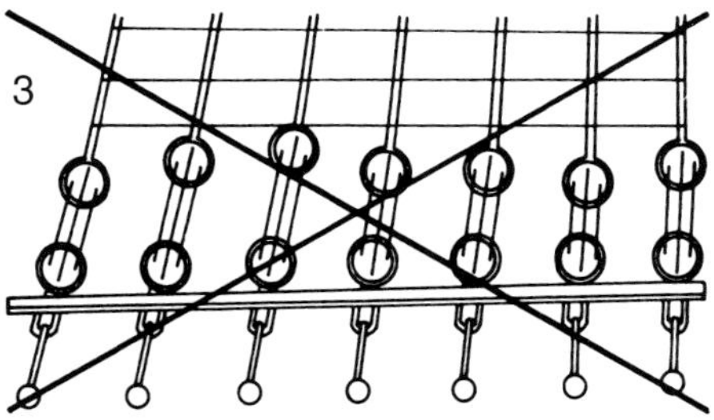

Das Einbinden der Jungfern geschieht so:
Man führt das Wanttau um die Jungfer herum, das kurze Ende von außenbords gesehen stets hinter (!) dem Want durch und wieder nach oben.

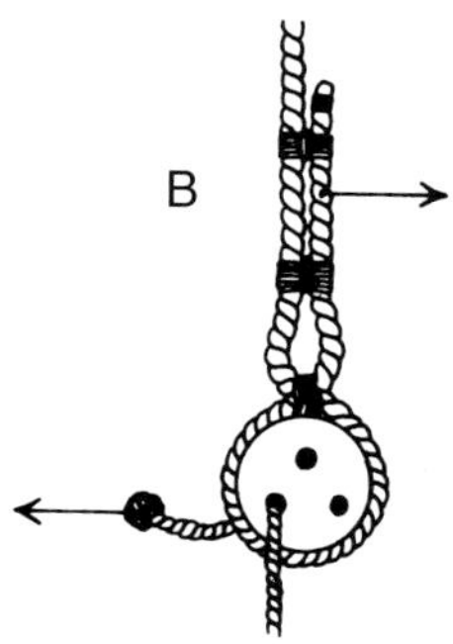

A. Das kurze Ende des Wants wird stets hinter dem Want durchgeführt.

B. Wantzurring und Ansetzen des Taljereeps.

Auf welcher Seite des Wants das kurze Ende liegen soll, ist etwas umstritten. Vor der Mitte des 16. Jahrhunderts legte man das kurze Ende gewöhnlich nach achtern, so dass es, von außenbord gesehen, steuerbords links, backbords rechts vom Want lag. Für das 17. Jahrhundert galt als Regel, dass das kurze Ende stets *links* vom Want lag, an Steuerbord also nach achtern, an Backbord nach vorne.

Seit Anfang des 15. Jahrhunderts vermehrten sich die Wanten geradezu kaninchenartig. Seit dem frühen 16. Jahrhundert wurde die Anzahl wieder verringert und seit 1580 auf eine vernünftige Anzahl gebracht.
(Modell einer flämischen Karracke nach einem Stich von Meister W. A. im Science Museum, London)

Im großen und ganzen behielt man diese Regelung bis ins 19. Jahrhundert bei; auf kontinentalen, vor allem französischen Schiffen kann man im 18. und 19. Jahrhundert allerdings gar nicht so selten die Ausnahme finden, dass alle kurzen Wantenden wieder achterwärts lagen.
Das kurze Wantende wurde mit drei Zurrings am Want befestigt: Die erste Zurring lag unmittelbar über der Jungfer und stand senkrecht (!) zu dieser. Darüber waren zwei weitete, waagerechte, Zurrings angebracht und das Ende des kurzen Stücks war mit einer kleinen Zurring gegen das Aufdrehen des Taus gesichert.

Modellbau

Das Einbilden der Jungfern in einer sauberen Linie parallel zur Rüste (oft auch Reling) ist nicht ganz so schwierig, wenn man als Modellbauer da nur ein paar Tricks kennt:
Absolute Grundvoraussetzung ist, dass Ihr Mast tatsächlich so steht, wie er stehen soll – *Zugausgleich!*
Entschuldigen Sie, wenn ich gnadenlos auf diesem Thema herumreite! Aber das ist eben die Gundbedingung für eine Takelage – und auch dafür, ob Ihr „nettes Modellchen“ allenfalls dazu taugt als *Staubfänger* auf der „Glotze“ zu stehen, oder aber die Qualität hat, eventuell sogar in die Sammlung eins renommiertes Museum aufgenommen zu werden!

Praktisch:

Binden Sie zunächst die Want-Jungfern – selbstverständlich stets abwechselnd Steuerbord und Backbord – des *ersten* Wants ein und setzen Sie diese mit den Taljereeps steif.
Jetzt haben Sie den den erwünschten Abstand zwischen unterer *Püttings*- und oberer *Want*-Jungfer.
Das Gleiche machen Sie mit jeweils dem letzten Want.
Sind diese Jungfern richtig, sprich entsprechend im gleichen Abstand zur Rüstjungfer, gesetzt, dann ist der Rest eigentlich ein Kinderspiel – wenn auch immer noch meist eine gandenlose „Fummelei“.
Binden Sie eine kleine Straklatte provisorisch über den beiden Jungfern an – diese zeigt Ihnen die entsprechende Höhe.
Und jetzt können Sie Want für Want die entsprechenden Jungfern einbinden und steif setzen.

Taljereep

Die Wanten wurden mit Hilfe des durch die Jungfern geschorenen Taljereeps steif gesetzt. Das Tajereep begann mit einem Stopperknoten, der am äußersten, inneren Loch der oberen Jungfer saß, das dem kurzen Ende des Wants gegenüber lag.
Sodann wurde es in der Regel mit sechs Schägen zwischen den Jungfern hin und her geführt. Nach dem letzten langen Schlag wurde es durch die Öffnung

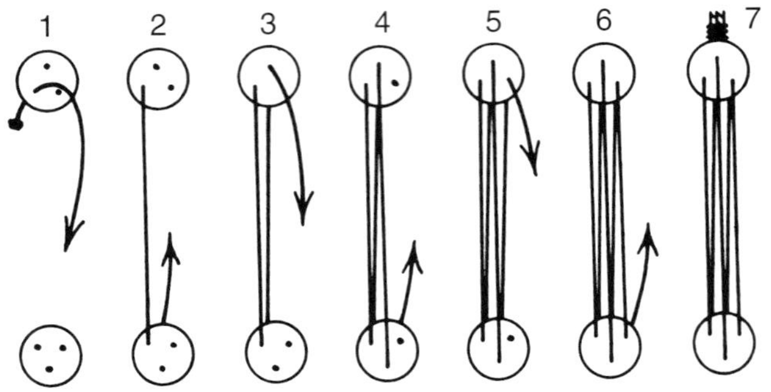

Führung des Taljereeps durch die Jungfern.

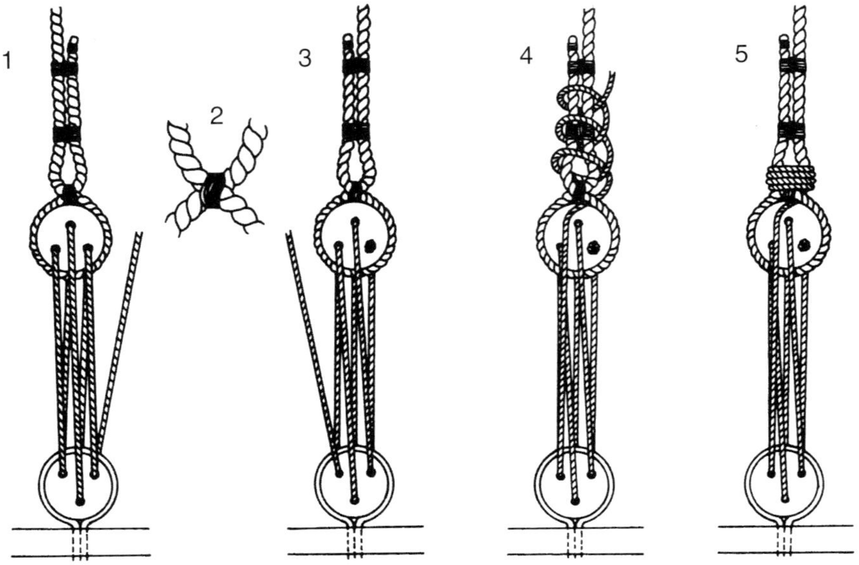

Tajereep: 1. von außenbords gesehen, 2. Zurring über der Jungfer, 3. von binnenbords gesehen, 4. Belegen des Taljereeps am Want von binnenbords gesehen, 5. fertige Zurring des Taljereeps von binnenbords gesehen.

zwischen oberer Jungfer und umschlingendem Want geschoren und mit mehreren Schlägen um das Want unmittelbar über der oberen Jungfer belegt. Dabei ist es im Modell durchaus zweckmäßig, das Tauende des Taljereeps mit einem Tropfen Klebstoff an seinem Platz zu sichern.

Grundsätzlich:
Das Taljereep wird immer durch die oberen Jungfern von innen nach außen, bei den unteren Jungfern von außen nach innen geführt!

Wichtig!
Beim Steifsetzen der Taljereeps niemals erst die eine und dann die andere Seite fertig machen, sondern immer ein Want nach dem anderen abwechselnd Steuerbord und Backbord! Prüfen Sie dabei sicherheitshalber auch regelmäßig mit

einem kleinen Senkblei, ob sich der Mast nicht durch den Zug eben doch aus der Senkrechten der Mittschiffsebene bewegt hat!

Einbinden von Blöcken und Knebeln

Im Mittelalter und vor allem im Mittelmeerraum konnten sich, wenn überhaupt, Jungfern nur langsam durchsetzen.
Hier vertraute man lieber auf Blöcke, um die Wanten steif zu setzen.
Generell waren diese prinzipiell ebenso angesetzt wie Jungfern.
Doch da waren auch vielfach die „Knebel“, deren Aufgabe es war, Wantteile schnell trennen bzw. zusammenfügen zu können.
Das Prinzip stammt zweifellos aus der Antike, als man Rahen schnell „umschiften“ wollte (s. auch Kap. Lateinisches Stehende Gut).
Doch auch noch im 15. Jahrhundert bei Rahseglern und bis ins späte 19., mitunter sogar 20. Jahrhundert, hielt sich traditionell diese Takelversion, auch wenn sie, real, längst keinen recht keinen Sinn mehr machte (z.B. Bd. 1 MOELLE UND VORKENNTNISSE S. 19 und Bd. 11 ALLERLEI EXOTEN).

Mediterrane Block-Taljen

Die zugehörigen Taljen zwischen oberem und unterem Bock entsprachen den Taljen anderer Tauzüge. Wo sie belegt wurden, am dem Want selbst oder sonst irgendwo, bleibt freilich ein ungelöstes das Geheimnis des Mittelmeeres …
Sicher ist in diesem Fall lediglich, dass man auf gleiche Höhe oberer und unterer Blöcke und auch Knebel kaum Wert legte – standen sie in gleicher Höhe, sah das fraglos nett aus, war aber keinesfalls „zwingend“.

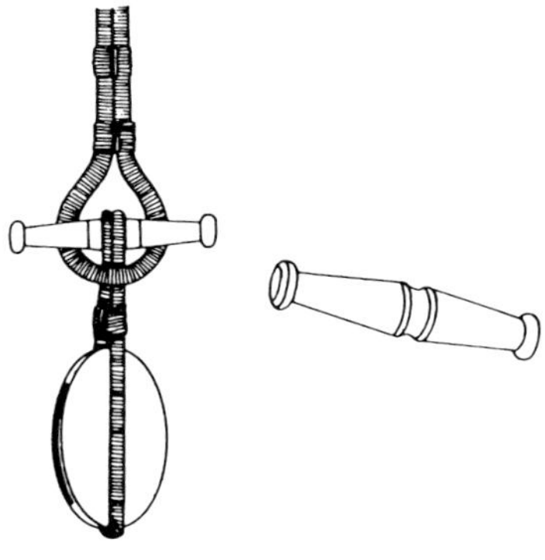

Mit Knebeln angesetzte Blöcke waren vor allem im Mittelmeerraum noch lange Tradition, auch wenn es schon längst nicht mehr üblich war, Wanten teilen zu müssen (s. auch Band 11 ALLERLEI EXOTEN).

Zahnstangen und Spannschrauben

Um die Mitte des 19. Jahrhundert wurden an Stelle von Jungfern zunächst aus Eisen gegossene/geschmiedete Zahnstangen eingesetzt. Sie erwiesen sich freilich als allzu kompliziert und konnten sich deshalb nicht breit durchsetzen.
Sehr viel erfolgreicher waren wenig später eiserne/stählerne Spannschrauben – zunächst mit einfachem, bald auch doppeltem Gewinde, so wie sie heute noch auf Segelschiffen aller Größen entsprechend eingesetzt werden!

Zahnstangen und Spannschrauben wurden nur an Unterwanten und Unterstagen eingesetzt. Ihren Fußpunkt hatten derlei derlei Spannteile allerdings nicht mehr auf einer Rüste, sondern in aller Regel an schweren Ringbolzen an Deck.

Modellbau

Zahnstangen: Da hilft wirklich nur solch eine Zahnstange aus entsprechend dimensionierten Messingstäbchen selber heraus zu feilen, denn Zinnguss ist zu weich, um dem entsprechenden Zug stand zuhalten (s. auch Bd. 8 TAUE, BLÖCKE UND SEGEL S. 41). Da ist eine echte Geduldsprobe! Wenn man sich denn aber ausgerechnet solch ein Modell heraus gesucht hat und es tatsächlich mit historisch korrekten Zahnstangen auftakelt, dann hat man wahrlich ein Juwel der Modellbaukunst, um das einen die meisten renommierten Museen dieser Welt ganz einfach nur beneiden können!
Spannschrauben: damit tut man sich erheblich leichter, denn da hält etwa AERO-NAUT-Modellbau ein wahrhaft optimales Sortiment bereit.

*Die Hochseeyacht CORSARO II wurde 1961 von der italienischen Kriegsmarine als Schulschiff zur Ausbildung von jungen Offizieren in Dienst genommen.
In der zweiten Hälfte des 19. Jahrhunderts wurden Wanten vielfach, seit Beginn des 20. Jahrhunderts fast grundsätzlich, mit Spannschrauben steifgesetzt.
Zu beachten die Mastausleger, über welche die Wanten gespannt wurden/werden, um am Topp breiter angreifen zu können.(Hervorragendes Modell der Firme COREL, Mailand)*

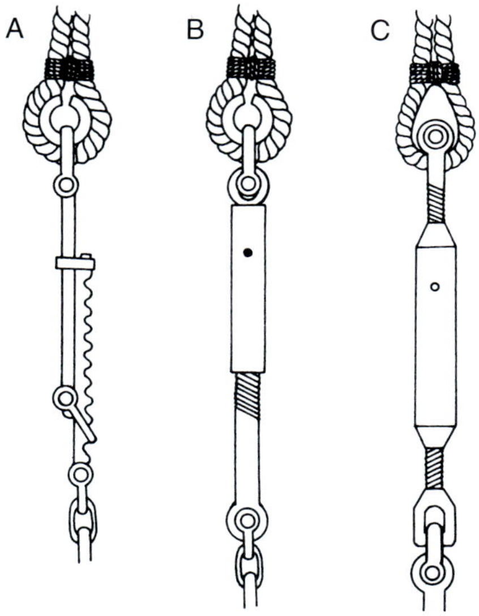

Systeme zum Spannen der Wanten:
A. Zahnstange (nur kurz nach der Mitte des 19. Jahrhunderts nur gelegentlich eingesetzt da zu kompliziert).

B. Spannschraube mit einfachem Gewinde (in der zweiten Hälfte des 19. Jahrhunderts vielfach üblich).

C. Spannschraube mit doppeltem, gegenläufigen Gewinde (seit dem letzten Drittel des 19. Jahrhunderts bis heute allgemein üblich).

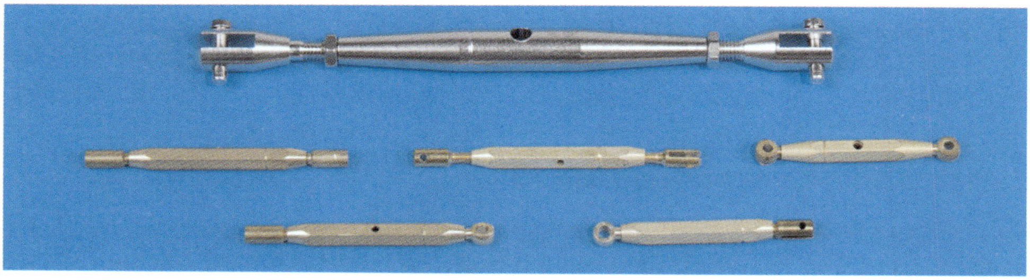

Die Firma AERO-NAUT bietet optimale Wantschrauben in Größen zwischen 14 und 28 mm, teileise sogar bis 60 mm mit Hülsen, Schäkeln, Gabelschrauben und Ösenschrauben – jeweils gegenläufig nach rechts und links gedreht – besser kann man es nicht machen!
Es sind durchgehend zwar Schrauben mit „doppeltem" Gewinde. Doch daraus kann man, mit ein bisschen handwerklichem Geschick, durchaus auch Schrauben mit „einfachem" Gewinde, wie in der zweiten Hälfte des 19. Jahrhunderts weitgehend üblich, herstellen.

Wurst

Die Wurst ist ein gekleideter Stab oder Tampen, der auf Höhe der Unterkante der Mastbacken oder ein wenig darunter an die Wanten gezurrt wurde.
Die Wurst diente vor allem den Püttings der Stengewanten und war grundsätzlich gekleidet.
Im allgemeinen wurde die Wurst von außen an die Wanten gesetzt, es kam aber auch vor, dass sie innen oder doppelt (innen und außen) gefahren wurden.

Modellbau

Persönlich bevorzuge ich als „Kern" der Wurst grundsätzlich ein Holzstäbchen (z. B. aus Peddigrohr), das sich sehr viel bequemer kleiden lässt als ein Taustück.

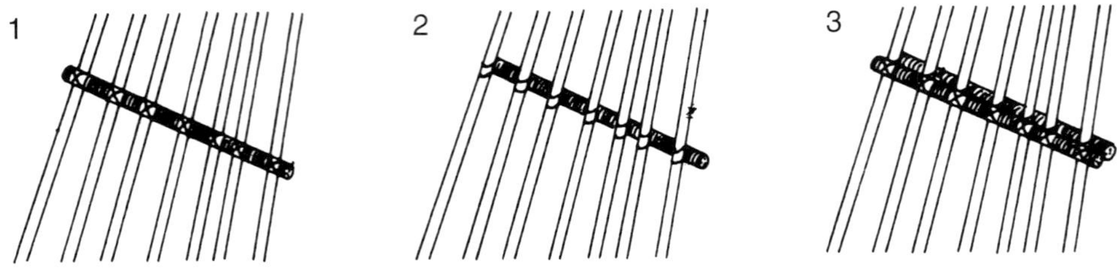

Wurst: 1. einfach vor den Wanten, 2. einfach hinter den Wanten, 3. doppelt vor und hinter den Wanten.

Freie Wanten

Vereinzelt wurden mitunter schon im 17. Jahrhundert Wanten „frei“ gefahren, d. h. an ihnen wurde die Wurst nicht angebunden; entsprechend wurden sie auch nicht mit Webeleinen versehen. Im 18. und 19. Jahrhundert war diese Methode weitgehend üblich, wobei der/das jeweils vorderste Want bzw. Wantenpaar auf jeder Seite *frei* gefahren wurde. Zu dieser Zeit fuhr man auch das jeweils letzte Wantenpaar oftmals *frei*.
Ob Ihr persönliches Modell über solch freie Wantenpaare verfügt, können Sie Ihren optimalen (freilich auch nur diesen!) Plänen entnehmen. Siehe auch S. 94!

Eingebundene Kauschen und Blöcke

Im obersten Teil der Wanten wurden gelegentlich Kauschen oder auch Blöcke eingebunden, um Taue des Laufenden Gutes optimal führen zu können.
Im 17. Jahrhundert waren sie eher selten, im 18. und 19. Jahrhundert eher die Regel. Auch hier kann nur ein *wirklich* guter Plan Auskunft geben.
Im unteren Drittel der Wanten wurden binnenbords oft Leitkauschen angebunden, um eine verwirrungsfreie Führung des laufenden Gutes zu garantieren.

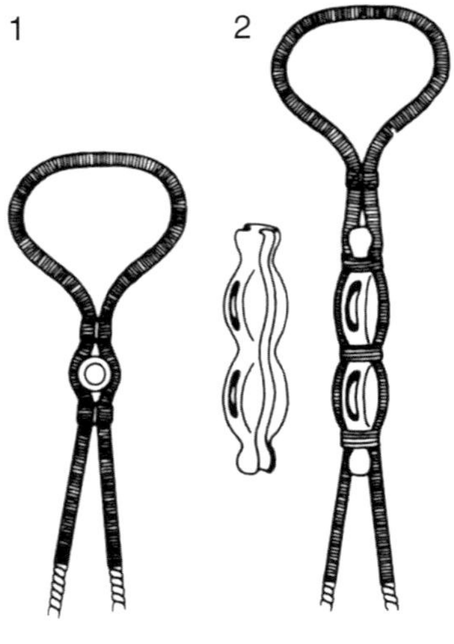

Einzurren von Leitkauschen im obersten Teil der Wanten:
1. eingezurrte Kausch, 2. speziell geformter Doppelblock und dieser eingezurrt.
Einfache Blöcke waren entsprechend geformt, dreifache Blöcke waren eine seltene Ausnahme.

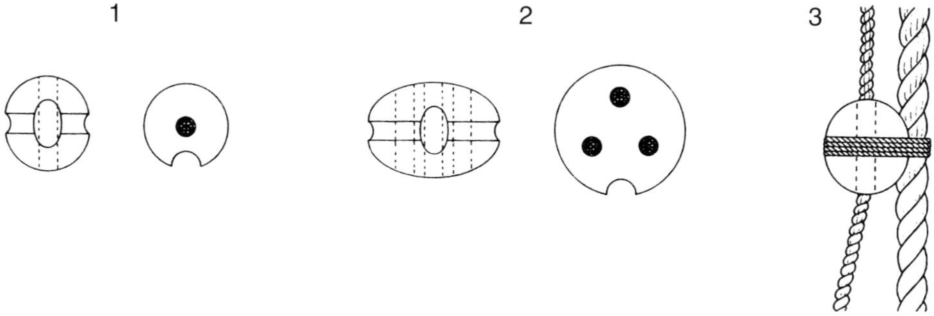

Im unteren Drittel der Wanten angezurrte Leitkauschen: 1. Leitkausch für ein Tau, 2. Leitkausch für drei Taue, 3. Seitenansicht mit Taudurchführung.

Spreizlatten

Im späten 18. und vor allem im 19. Jahrhunderet wurde es üblich unmittelbar über den Wantzurrings einen gekleideten Holzstab einzubinden, um die korrekte Spreizung der Wanten zu garantieren.
Spreizlatten gab es ausschließlich an den Unterwanten.
Mit der Einführung von Zahnstangen und Spannschrauben zum Spannen der Wanten ab Mitte des 19. Jahrhunderts verschwanden die Spreizlatten wieder.

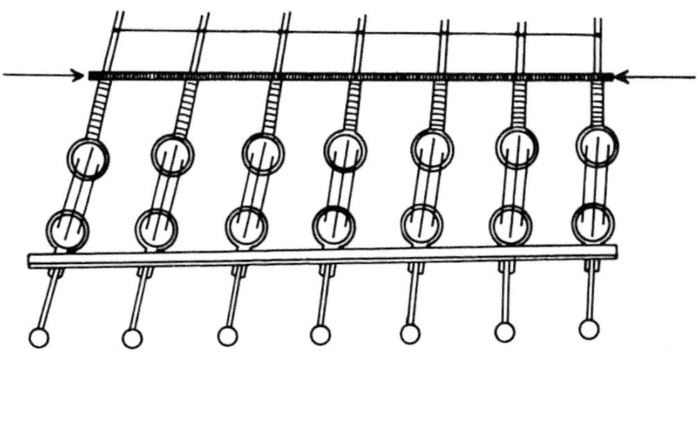

Spreizlatte spätes 18. und 19. Jahrhundert.

Halbwanten

Da seit dem spätem 14. Jahrhundert der Großmast immer höher wurde, stieg mit ihm proportional wohl auch die Angst, dass er brechen könnte. So völlig unberechtigt war diese Angst natürlich nicht, denn wenn er tatsächlich brach – und dafür gibt es durchaus Beispiele – dann hatte das Schiff keine Möglichkeit des Antriebs mehr und war hilflos Wind und Wellen ausgeliefert.

Mastbruch war das ultimative Ende eines Schiffes.

Die Opferung des Jonas. (Bronzerelief von Bellano in der Basilika St. Antonio in Padua)

Untergang der kaiserlichen Flotte vor Livorno 1496. (Stich von Hans Burgkmeir aus dem WEISSKUNIIG, *der Lebensbeschreibung von Kaiser Maximilian I., dem „letzten Ritter“ – 1459 bis 1519)*

Also ersann man Methoden, um solch einen Mastbruch zu verhindern. Und, wie bei allen neuen Technologien, übertrieb man dabei zunächst einmal gnadenlos!
Wanten waren im 15. bis ins frühe 16. Jahrhundert „das Zauberwort“. Da setzte man schon einmal bis zu 16 Paare an.
Und man kam durchaus auf noch kuriosere Einfälle: So die *Halbwanten*. Diese Wanten waren in halber Höhe des Mastes angesezt und verliefen wie die anderen Wanten nach den Seiten.
Die Idee hierzu ist durchaus verständlich, denn da die Masten zu jener Zeit immer höher wurden, schien solch eine zusätzliche Versteifung sinnvoll. Der Nachteil dieser Konstruktion war gleichzeitig der Grund, weshalb sich Halbwanten nie ernsthaft durchsetzen konnten, denn die Großrah ließ sich nun nicht mehr bis zum Deck abfieren. Dies war aber eigentlich unbedingt notwendig, wollte man die riesigen Goßsegel an- oder abschlagen oder auch nur auftuchen.

Quellen

Immerhin gibt es zwei, zumindest dem Autor bekannte, zeitgenössische Darstellungen:
Schildberger in seiner Eine wunderbarliche und kurzweilige History vom Ende des 15. Jahrhunderts. Man mag, durchaus zu Recht, anmerken, dass der Mann, der diesen Holzschnitt schuf, selber wohl nie ein Schiff gesehen hatte (auch wenn er angeblich diese Reise mitgemachte), oft in Details unsicher war (so fehlen z. B. die Püttings an den Rüsten) und sich ganz auf die Angaben Schildbergers verließ. Vielleicht war er auch nicht eben das künstlerische Supergenie und Schildberger selbst mag das eine oder andere Detail nach seiner Heimkehr aus dem Gedächtnis entschwunden sein. Generell jedoch ist diese Darstellung historisch unbedingt stimmig! Und damit auch die Halbwanten.

Große Não im Hafen aus Eine wunderbarliche und kurzweilige History *von Ritter Schildberger vom Ende des 15. Jahrhunderts. Gut zu sehen die Halbwanten, auch wenn deren Anbringung außenbords etwas zweifelhaft ist.*

Die andere Darstellung stammt von Timbotta da Modena, TRAKTATE ZUM SCHIFFBAU, das 1444 in Venedig erschien. Timbotta war Schiffsbaumeister in Venedig und wusste wahrlich genau, was er da zeichnete, auch wenn er wohl mit der Perspektive ein wenig auf Kriegsfuß stand. Doch „Perspektive“ war ein Thema, das erst Ende des 15./Anfang des 16. Jahrhunderts – nicht zuletzt dank Albrecht Dürer – in Mode kam. Halbwanten sind da absolut unmissverständlich eingezeichnet.

Halbwanten praktisch

Wie sie genau auf halber Höhe eines Mastes gesetzt wurden, kann man allenfalls logisch rückschießen:
Ich vermute, dass sie mit einem „Mastwurf“, der sich umso strenger zusammen zieht, je mehr man ihn belastet, angesetzt waren. Dieser Mastwurf wurde (wie auch später vielfach im Mittelmeer) mit einer Tauwuling zusätzlich gesichert.
Die unteren Enden wurde zur Binnenbodseite des Schanzkeides gefüht, wo sie ganz regulär, vermutlich an Deck wohl am Leibholz, mit Junfern an schweren Ringbolzen befestig wurden, wie es Timbotta zeigt.
Schildberger zeigt zwar Halbwanten, die auf der Rüste befestigt waren. Persönlich halte ich dies jedoch eher für einen Fehler des Zeichners, denn die Halbwanten kamen so flach herunter, dass sie allenfalls auf sehr hoch angesetzten Rüsten hätten festgemacht werden könnten.

Sehr unmissverständliche und unbezweifelbare Zeichnung des venzianischen Schiffsbaumeisters Timbotta von Modena von 1445:
Aus Kanteln gebauter Mast mit den dabei unabdingbaren Wulingen, eine Talje als Vorstag, Wanten bzw. Backstage nach achtern, Mastleiter und ganz eindeutig Halbwanten.

Stengepüttingswanten

Seit im 16. Jahrhundert Stengen gefahren wurden, mussten selbstverständlich auch diese entsprechend mit Wanttauen versteift und in Position gehalten werden. Und auch diese benötigten, ebenso selbstverständlich, eine Abstützung nach unten.

Püttingseisen

Sie waren prinzipiell ebenso konstruiert wie die Püttings der Unterwanten: Ein Eisenring umschloss die untere Jungfer, die durch eine Öffnung am Außenrand der Mars geschoben wurde. In diesen wurde dann ein Flacheisen eingehakt an dessen unterem Ende wiederum das Püttingswant angesetzt wurde. Verschiedentlich waren der Eisenring um die Jungfer und das Flacheisen auch aus einem Stück geschmiedet.

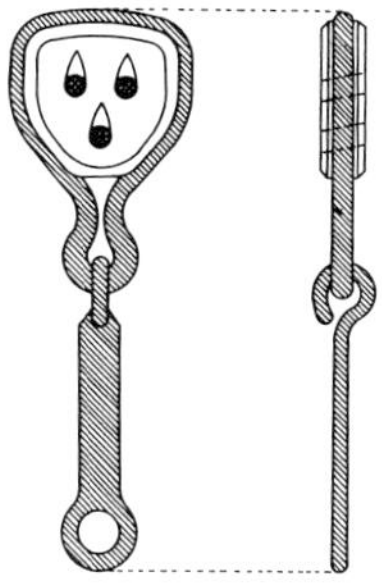

Stengepüttingseisen, wie es spätestens seit dem frühen 17. Jahrhundert bis ins 19. Jahrhundert üblicherweise gefahren wurde. Mitunter waren Jungfernring und Flacheisen aus einem Stück geschmiedet.

Für das 16. Jahrhundert gibt es dazu zwar keine genauen Angaben, die Püttingswanten dürften sich aber kaum von jenen des 17. und 18. Jahrhunderts unterschieden haben.

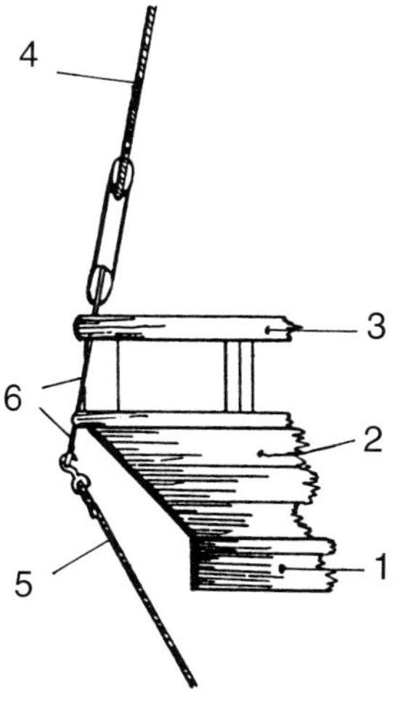

Dass die Püttingseisen bei Mastkörben bis ins frühe 16. Jahrhundert nicht durch den Marsboden, sondern über die entsprechende untere Reling gefahren wurden, macht Sinn. Vielleicht sogar auch noch „durch" die obere Reling.
Absolut unglaubwürdig ist freilich, dass das Eisen auch unter seinem Haltepunkt noch gerade hervor stand – ein entsprechender Knick nach innen wäre da eindeutig sinnvoller.
1. Mars, 2. Mastkorb, 3. aufgesetzte Reling, 4. Stengewant, 5. Püttingswant, 6. Püttingseisen (sollte vernünftigerweise nach der Reling des Mastkorbes in Richtung des Püttingswants geknickt sein).
(Zeichnung von Brian Lavery, London-Greenwich)

Püttingswanten

Diese wurden mit Haken oder Kauschen in die Püttingseisen eingehängt, meist um die Wurst geschlungen und stets mit zwei, mitunter auch drei Zurrings am Want angeschlagen. Zumal auf Schiffen holländischer Bauart kamen seit der zweiten Hälfte des 17. Jahrhunderts mitunter auch doppelte Püttingswanten vor. Ab Mitte des 18. Jahrhunderts besaßen die Püttingswanten in der Regel an ihrem unteren Ende kleine Dodshoofden oder Kauschen durch die eine Zurring um Want und Wurst geführt wurde.

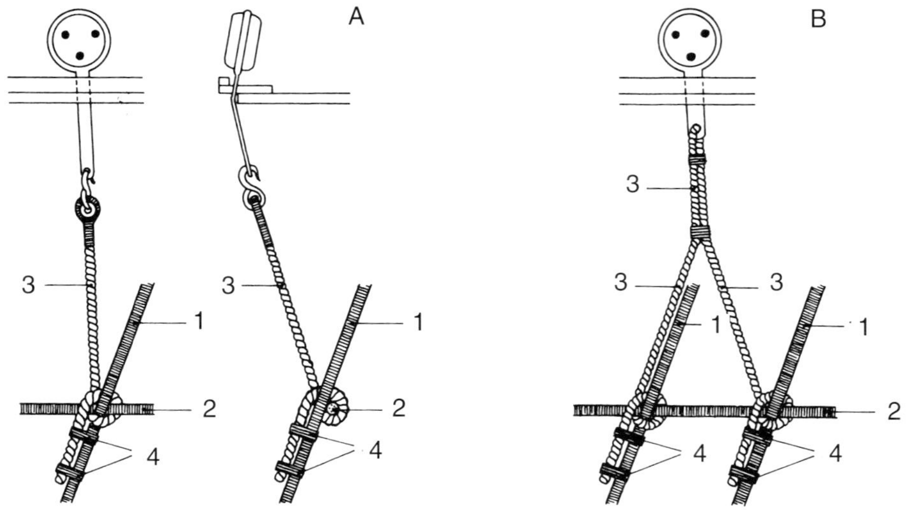

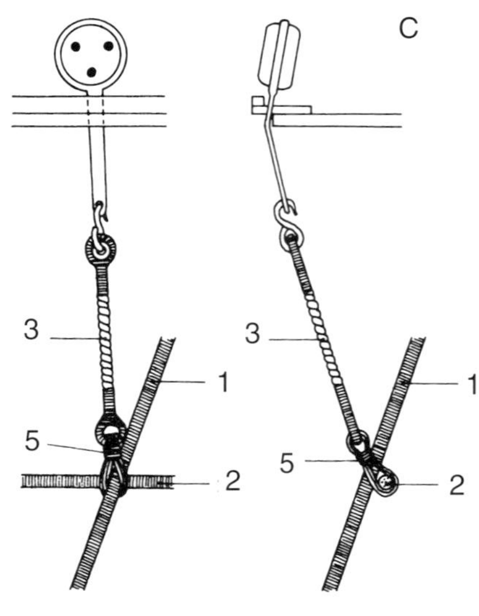

A. Die vom 16. bis Mitte des 18. Jahrhunderts übliche Form der Befestigung von Püttingswanten um Wurst und Want. Das Püttingswant nicht um die Wurst zu schlingen, sondern nur an das Want zu zurren (dann häufig drei Zurrings) kam vor, war aber selten.

B. Doppelte Püttingswanten wurden vielfach an zwei Wanten angesetzt.

C. Ab Mitte des 18. Jahrhunderts wurde das Püttingswant häufig mit einer Kausch an der Wurst angezurrt.

1. Want, 2. Wurst, 3. Püttingswant, 4. Zurring. 5. Kauschzurring.

Etwa ab 1830 begann man für die Marspüttings Metallstäbe zu verwenden. Sie wurden an einem Eisenring direkt unterhalb der Mastbacken angeschäkelt.

Gleichzeitig verschwand die Wurst.
Ab Mitte des 19. Jahrhunderts hatte sich diese Methode allgemein durchgesetzt.

Doppelte, durch Kauschen geführte Püttingswanten auf dem original getakelten Modell eines holländischen Zweideckers von 1660/1670.
(Foto von Wolf-Dietrich Wagner in DER HOLLÄNDISCHE ZWEIDECKER)

Bentinck-Wanten

Ein völlig anderes System, die Püttingswanten zu befestigen, verwendete man nach der Mitte des 18. Jahrhunderts auf amerikanischen und teilweise englischen Kriegsschiffen:

Die Püttingswanten wurden unter der Wurst durchgezogen und an einem Eisenring befestigt. An diesem Ring war ein Tau angespreißt, das „Bentinck-Want". Bei großen Schiffen (Linienschiffen, Fregatten) wurden die Bentinck-Wanten überkreuz zum jeweils gegenüberliegenden Wassergang hinunter geführt und dort mit Blöcken, Jungfern oder Dodhoofden steifgesetzt.
Als Püttingseisen diente ein schwerer Ringbolzen im Wassergang, an welchen der untere Block, Jungfer oder Dodshoofd angestroppt war.
Kleinere Schiffe (Korvetten, Briggs etc.) fuhren nur ein Bentinck-Want. Die eigentlichen Püttingswanten wurden von einer Marsseite jeweils unter der Wust zur anderen gezogen und dort in die Püttingseisen eingehakt. Das eigentliche Bentinck-Want verfügte oben über einen eisernen Ring, durch den mittig die Püttingswanten geschoren waren, am unteren Ende über eine Jungfer oder Kausch, die entsprechend mit ihrem Gegenstück an Deck verbunden wurde.
Bentinck-Wanten wurden ausschließlich von Kriegsschiffen verwendet, niemals von Kauffahrern!

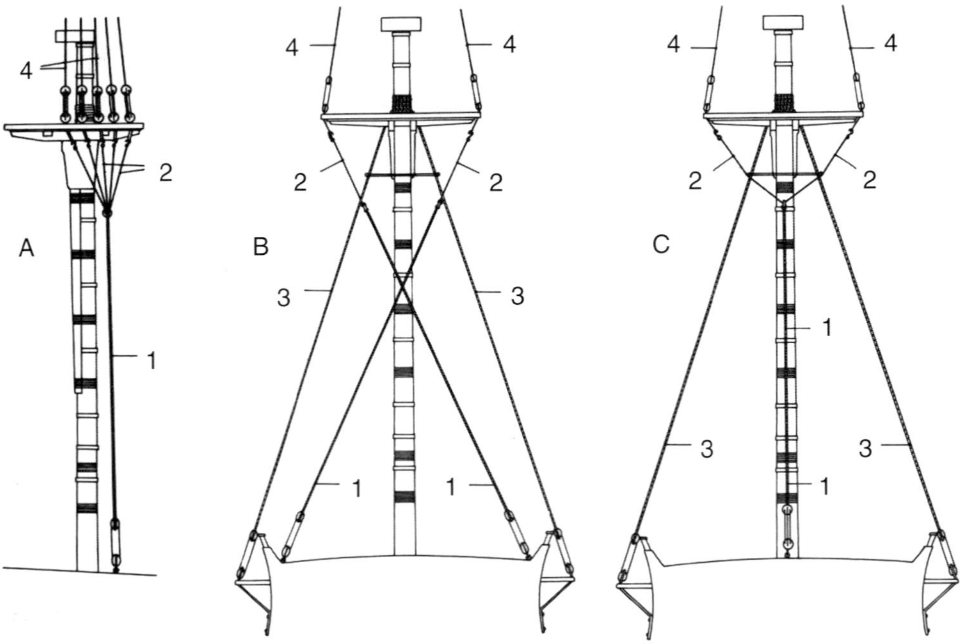

Bentinck-Wanten: A. Seitenansicht, B. doppelte Bentinck-Wanten, C. einfaches Bentinck-Want.
1. Bentinck-Want, 2. Püttingswanten, 3. Wanten, 4. Stengewanten.

Stengewanten

Über die Stengewanten gibt es eigentlich nicht allzu viel zu sagen.
Sie waren mit den Unterwanten praktisch identisch, nur eben entsprechend schwächer dimensioniert.
Die Schlaufen, mit denen sie um das Topp gelegt wurden, waren gekleidet.
Ebenso das jeweils erste Wantpaar wie schon beschrieben (s. Kap. Wanten).
Das gleiche gilt für die Befestigung am Sterngetopp, das Einbilden der Jungfern

*Bei dem Modell des englischen 74-Kanonen-Schiffes BELLONA von 1760 sind die Stenge- und auch Bramstengewanten optimal gesetzt.
Schade dass das Modell im Maßstab 1:100 zu klein ist, um wirklich Feinheiten zu zeigen.
(Weitgehend tadelloses Baukastenmodell der Firma COREL, Mailand)*

(die selbstverständlich ebenfalls in einer Linie stehen müssen!) und auch die Taljereeps. Ebenso Wurst, Wantschwichtung und Webeleinen, nur dass es da niemals eine Spreizlatte gab.
Zahnstangen und Spannschrauben gab es in der Mars *nie!* Die Stengewanten wurden traditionell mit Jungfern angesetzt, nach Mitte des 19. Jahrhunderts mit kleinen Doodshofden oder Kauschen an den Ringen des Eisenpüttings.

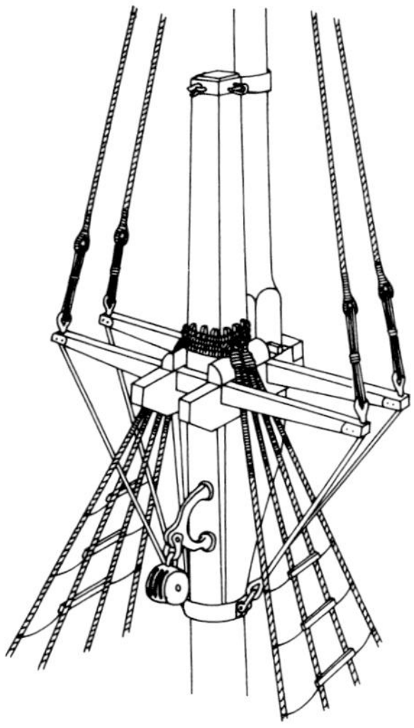

Eiserne, an einem Mastband angeschäkelte Püttings nach der Mitte des 19. Jahrhunderts.
Die Methode setzte sich zunächst vor allem auf Kauffahrern durch, die stets konservativen Kriegsmarinen folgten etwa langsamer.

Bramsaling im späten 19. Jahrhundert.

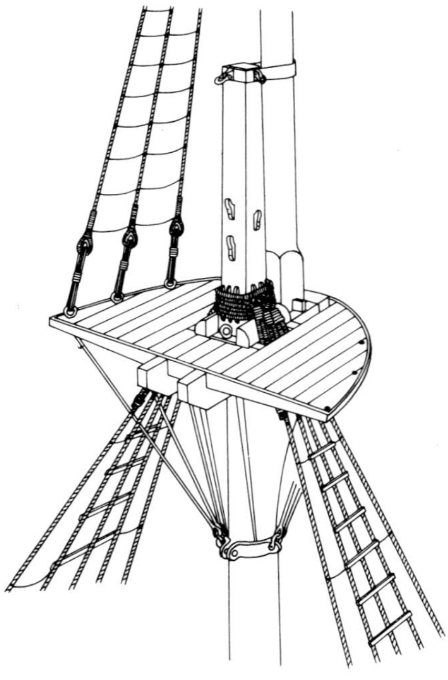

Zu beachten auch, dass die Webeleinen vielfach durch Trittbretter ersetzt wurden. Ebenfalls zu beachten die „freien“ oder „fliegenden“ Wanten, die nur noch in größeren Abständen mit den inneren Wanten verbunden waren.

Marssaling im späten 19. Jahrhundert.

Bram- und Royalwanten

Liefen die Stengewanten nach bekannten Muster der Unterwanten, ist dies bei Bram- oder gar Royalwanten nicht ganz so einfach.

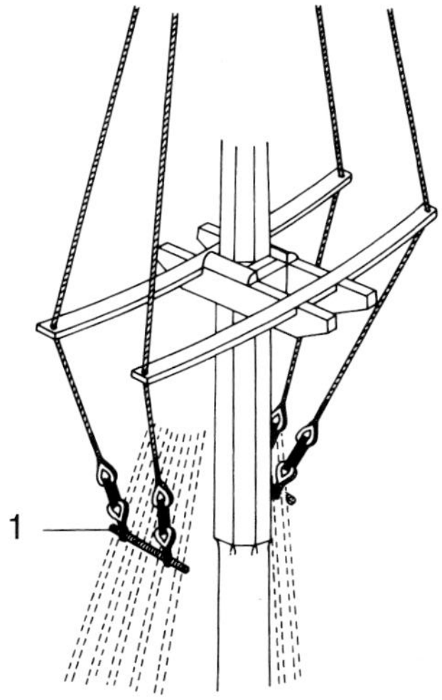

Spannen der Bramwanten häufig nach der Mitte des 18. Jahrhunderts.
Kontinentale Methode.

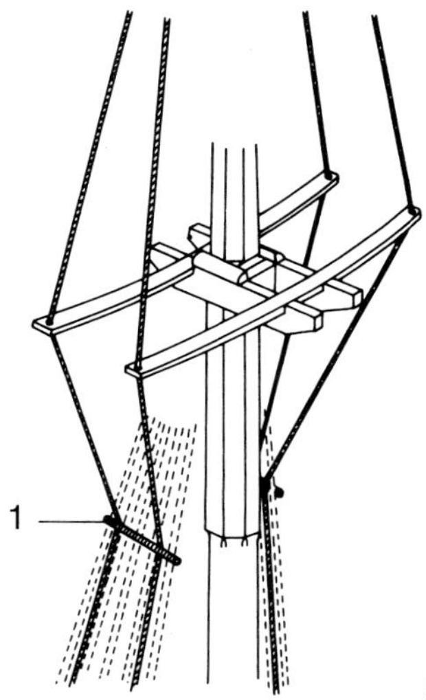

1. Wurst der Stengewanten.

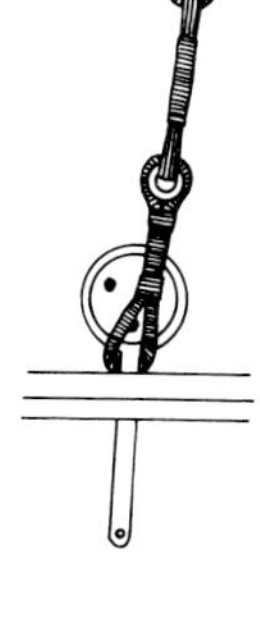

Spannen der Bramwanten häufig nach der Mitte des 18. Jahrhunderts.
Englische Methode.

1. Wurst der Stengewanten.

Bram- und Royal-Püttingseisen und Püttingswanten

Bis in die erste Hälfte des 18. Jahrhunderts waren die Brampüttingseisen und Püttingswanten mit jenen der Stengepüttingseisen identisch, nur eben entsprechend kleiner und schwächer.
Das gleiche gilt für die Royalpüttingseisen und Püttingswanten – natürlich nur sofern überhaupt Royalstengen gefahren wurden.
Mitte des 18. Jahrhunderts, teilweise sogar schon etwas früher, verschwanden sie zunächst vollständig.
Was von den Brampüttings blieb, waren kleine Dodshoofden oder Kauschen, die kontinental an der Wurst, englisch an einer Marsjungfer angezurrt waren.
Die entsprechenden Royalpüttings waren in der Regel auch in England nach kontinentalem Vorbild angesetzt, sofern die Royalstenge noch über eine eigene Saling verfügte, ansonsten nach englischen Muster. Grundsätzlich waren dann die Bramwanten noch mit einer Wurst ausgerüstet.

Bram- und Royalwanten

Am Topp wurden sie mit jenen der Stengewanten identisch angebracht.
Dort waren sie auch nach wie vor gekleidet, allerdings ließ man die volle Kleidung am ersten Wantenpaar weg.
Bis Mitte des 18. Jahrhunderts endeten sie in einer Jungfer, die durch ein Taljereep mit der Püttingsjungfer verbunden war.

Mitte des 18. Jahrhunderts änderte sich das System völlig:
Kontinental wurden die Bramwanten nun zunächst durch Löcher in der Quersaling geschoren. An ihrem unteren Ende wurden kleine Dodshooften oder Kauschen eingebunden und diese mit den an der Wurst angesetzten Dodhoofden bzw. Kauschen mit einer kurzen Zurring verbunden.

Englisch wurden die Bramwanten ebenfalls durch Löcher in der Quersaling geschoren, sodann hinter der Wurst durchgeführt und bis zur Mars heruntergeführt, wo sie in der Regel in einer Kausch endeten, die mit einer eher längeren Zurring mit der an den Jungfern angestroppten Kauschen verbunden wurden.

Allgemein wurden Royalwanten nach kontinentalem Muster gefahren, wenn die Bramstenge noch über eine eigene Saling verfügte. Ansonsten hinter der Bramwurst bis zur Stengewurst, wo sie entsprechend belegt waren.

Eisenpüttings

Um Mitte des 19. Jahrhunderts gab es wieder Brampüttings, allerdings in Form von Metallstäben, die an einem Eisenband unmittelbar unter den Mastbacken wie bei den Stengepüttings angeschäkelt waren.
Zeichnungen s. S. 94.

Mastleitern

Im 14. Jahrhundert wurden die Masten immer höher, waren regelmäßig mit Mastkröben ausgerüstet.
Im 15. Jahrhundert verfügte man sogar vielfach über kleine Kranbalken im Mastkorb mit deren Hilfe man entsprechendes Schieß- und Wurfmaterial (Pfeile, Speere und handliche Steinbrocken) nach dort oben ziehen konnte.
Aber wie kamen auch die Männer nach dort oben? Kletterten sie tatsächlich an irgendwelchen Wanten empor? Es gibt sogar solche Bilder davon.
Die Regel kann das aber niemals gewesen sein!
Auch wenn dies manche „Historiker“, wider alle sonstigen, zeitgenössischen Bilddokumente, immer noch gnadenlos behaupten (oft, weil das eben so prächtig in ihr persönliches Weltbild der „geschundenen Unterklasse“ passt).

Im Hochmittelalter gab es nur eine Möglichkeit in den Mastkrob zu gelangen, man musste an den Wanten emporklettern. Zweites Siegel von Dover von 1281. (Zeichnung von Werner Zimmermann, Augsburg)

Dass Matrosen an den Wanten in den Mastkorb klettern mussten, war ein solch gewohnter Anblick, dass Johannes Reixach auf seinem Altarbild „Das Leben der hl. Ursula“ von 1468 noch solch einen Kletterer darstellte obwohl es bereits eine weit bequemere Mastleiter gab. (Zeichnung nach einem Altarbild im Museo de Arte Cataluña in Barcelona)

Die große Karracke des Meisters WA um 1475.
Gut zu erkennen die Mastleiter am Großmast (auch wenn nicht eingezeichnet müssen Fock- und Besanmast ebenfalls solche Leitern gehabt haben).
Beachtenswert auch die Pferdeluke (s. auch S. 62), die Lottonne und die Latrinen am Heck (beide s. Band 4 DIE AUSRÜSTUNG in den entsprechenden Kapiteln).
(Kopie des Stichs von WA von Wolfram zu Mondfeld, Hohenfurch)

Die Realität waren Mastleitern!
Ich habe mir erlaubt hier etliche, originale Beispiele zusammen zu stellen.

Die venezianische Cocca SCORPIO um 1300. Rechts Detail mit Mastleiter des Fockmastes. (Modell von Wolfram zu Mondfeld, Hohenfurch, im Deutschen Technikmuseum, Berlin)

Mastleitern

Sie waren zwischen Masttopp und Deck gespannt und vielfach wohl mit eingebundenen, hölzernen Trittstufen ausgerüstet.
Am Topp waren sie vermutlich ganz einfach mit einer entsprechenden Tauschlinge angesetzt. An Deck war die Leiter an entsprechend stabilen Ringbolzen befestigt. Ob da denkbarerweise Jungfern, Doodhofden oder Blockkombinationen eingesetzt wurden, um diese straff zu halten, entzieht sich aber, mangels historischer Beweisen, meiner Kenntnis.
Mit der Einführung von Webeleinen verschwanden die Mastleitern.

Modellbau

Die Seitentaue (naurfarben und *nicht* geteert!) solcher Mastleitern waren geschätzt $^2/_3$ so stark wie die entsprechenden Wanttaue.
Die zweifelsfrei hölzernen Trittstufen fertig man am besten aus Peddigrohr.

Schiffe mit Mastleitern auf dem Titelblatt des Dekrets des Papstes Pius II. zum Türkenkrieg 1464. Die Mastkörbe verfügen über Kranbalken, um Schieß- und Wurfmaterial nach oben ziehen zu können.
(Original vermutlich in den Vaticanischen Museen, Rom)

Webeleinen

Webeleinen, also reativ dünne Taue, die in Tritthöhe zwischen den Wanten eingebunden wurden, um so den Matrosen ein Aufentern des Mastes problemlos zu ermöglichen, tauchen nachweislich erstmals um 1400 auf. Es mag sie vielleicht sogar schon früher gegeben haben.
Ob die Querstreben in den Wanten des ältesten Siegels von Pevensey und dem Siegel von San Sebastian (beide 13. Jahrhundert) Andeutungen von Webeleinen darstellen sollen oder ob das wahrscheinlich nur Latten wahren, welche die

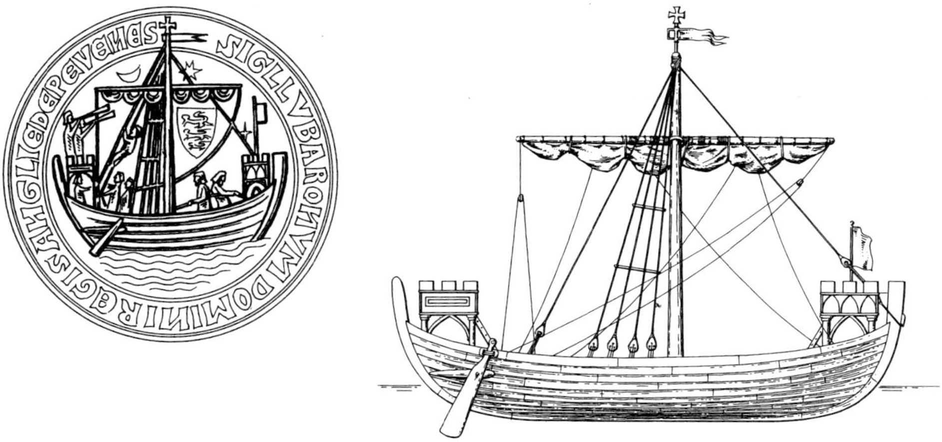

Ältestes Siegel von Pevensey von 1230.

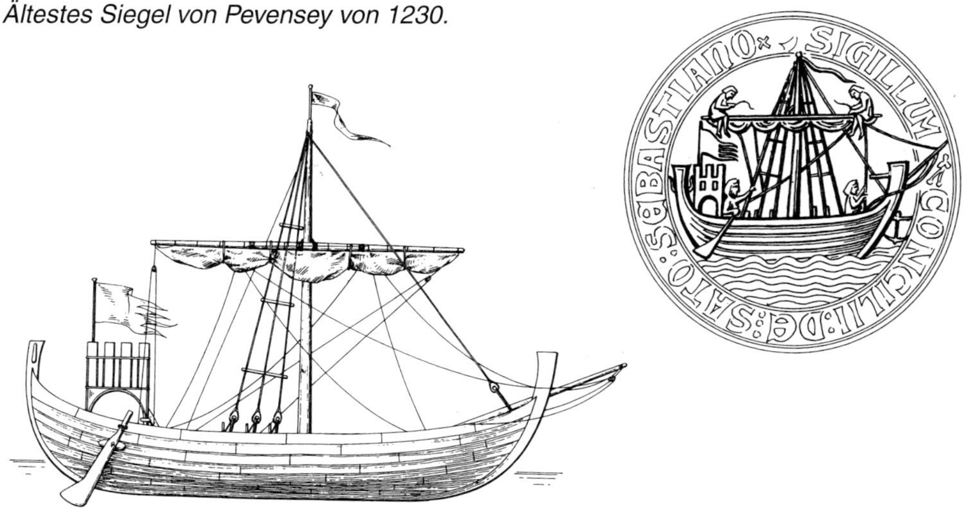

Siegel von San Sebastian, 13. Jahrhundert.

Bei den Latten in den Wanten handelt es sich eindeutig um Spreizlatten und nicht um Trittlatten, wie manche Historiker postrulieren – die Schritthöhe wäre einfach viel zu hoch gewesen.
(Zeichnungen und Rekonstruktion von Werner Zimmermann, Augsburg)

Oben: Eine Flotte vor Anker aus den CHRONIQUES von Jean Froissant um 1400. Im Gegensatz zum Rest der Flotte verfügt das Schiff ganz links offenbar bereits über Webeleinen. (Abbildung in der Bibilothèque Nationale, Paris)

Links: Handelsschiff des Jacques Coeur aus dem frühen 15. Jahrhundert. Offenbar wurden nur die inneren Wanten ausgewoben, die übrigen „frei" gefahren. (Glasfenster aus dem Hôtel de Jacques Coeur – einer wohltätigen Einrichtung, die der steinreiche Reeder stiftete – in Bourges)

Rechts: Großes Kriegs- und Handelsschiff der Deutschen Hanse vom Ende des 15. Jahrhunderts mit nicht nur ausgewebten Großwanten, sondern auch ausgewebten Fock- und Besanwanten. (Kopie des Autors nach einem anonymen Holzschnitt in Staatliche Museen Preußischer Kulturbesitz, Berlin)

Unten: Großes Schiff auf dem Rhein vor Köln mit ausgewebten Großwanten (noch nicht Fockwanten) von 1493. (Stich aus Hartmann Schedels REGISTER DES BUCHES DER CRONIKEN UND GESCHICHTEN MIT FIGUREN UND PILDNISSEN VON ANBEGIN DER WELT BIS AUF DIESE UNSERE ZEIT, erschienen 1493 in Nürnberg.

Wanten auseinander halten sollten – ich weiß es nicht. Auf jeden Fall entwickelten sich daraus wohl die Webeleinen.
Zunächst waren sie noch eher selten, denn beispielweise nur *ein* Schiff der Flotte in den CHRONIQUES von Jean Froissant um 1400 zeigt solche. Nur wenig später sind sie auf einem Schiff des Jacques Coeur (1395–1456, einem der reichsten Kaufleute seiner Epoche) eindeutig zu sehen. Nach der Mitte des 15. Jahrhunderts waren sie auf Schiffen nordeuropäischer Bauart Standard – der Mittelmeerraum folgte zunächst zögerlich erst Anfang des 16. Jahrhunderts.

Montage der Webeleinen

Angesetzt am ersten „festen" Want, also jenem Want, das auch mit einer Wurst ausgerüstet war, mit einer Zurring.
Mit dem „Webeleinenstek" (einem Achterknoten, der sich durch Belastung immer fester zuzog) wurde die Leine von Want zu Want weitergeführt und am letzten Want wieder mit einer Zurring befestigt.

Modellbau:

Außer bei wirklich großen Modellen (1:25 aufwärts) ist es nahezu unmöglich,

Im späten 16. Jahrhundert waren auch im Mittelmeer bei „nordisch" gebauten und getakelten Schiffen Webeleinen angekommen. Und auch das Prinzip, das auch für die Folgejahrhunderte galt, Webeleinen nur da einzusetzen, wo sie auch sinnvoll waren: d. h. etwa an den Untermasten, nicht aber an Masten bzw. Stengen, deren Rahen entsprechend herunter gefahren werden konnten.
Beispiel eine Galeone des späten 16. Jahrhunderts der Malteserritter.
(Stich aus SOVERANO MILITARE ORDINE DI MALTA, frühes 17. Jahrhundert)

die Zurrings am jeweils ersten und letzten Want darzustellen. Ein entsprechender „Webeleinenstek" tut da völlig seine Aufgabe.
Es macht durchaus Sinn die Webeleinen mit einem winzigsten Tröpfchen PONAL am Want zu sichern.

Ausweben

Seit dem frühen 16. Jahrhundert wurden grundsätzlich die Unterwanten von Fock-, Groß- und Besanmast ausgewebt. Ebenso die Fock- und Großstengewanten sowie die Püttingswanten zumindest der Untermasten und Marsstengen.

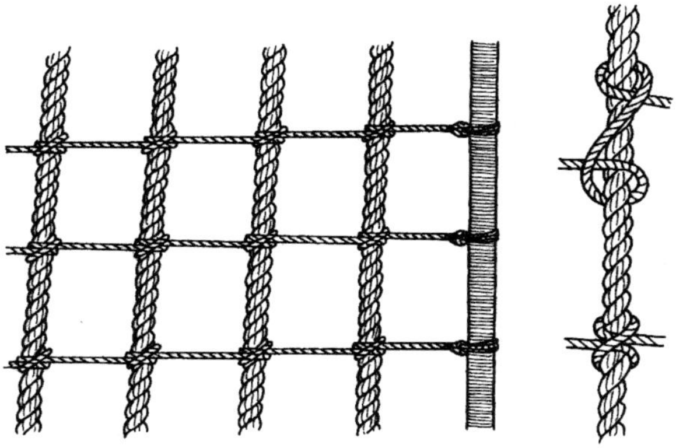

Setzen der Webeleinen, rechts Webeleinenstek.

Der Abstand der Webeleinen betrug original zwischen 36 und 40 cm – so hoch eben, wie ein durchschnittlicher Mann sein Knie schwingen konnte. Die Dicke war die einer „Leine", d. h. knapp 1/3 des Wants – manchmal auch noch ein bisschen schwächer, da Webemleinen von Unter- bis zu Toppwanten gewöhnlich die gleiche Dicke hatten.

Generell: sämtliche Wanten wurden ausgewebt, sofern Matrosen dort irgendwo hinauf auf Marsen, Salinge oder Rahen kommen mussten.

Im 17. Jahrhundert legte man diese Forderung dahingehend aus, dass man meist einfach *sämtliche* Wanten auswebte, inklusive Bram- und Sprietwanten. Das machte mitunter zwar kaum Sinn, aber „sicher war eben sicher".

Kuriosum: auf dem englischen Monsterschiff Sovereign of the Seas von 1637, dem seinerzeit mit Abstand größten und für alle Zeit am prachtvollsten mit Schnitzereien ausgestatteten Fahrzeug, flocht man nicht nur Webeleinen in die Royalwanten ein, sondern stzte auch neben den notwendigen Bugsprietzurrings am Bugspriet vier Wantenpaaren an, die seitlich zum Galion liefen. Und man rüstete diese mit Webeleinen aus, um den Matrosen einen optimalen Aufstieg auf den Bugspriet zu ermöglichen (Abb. s. S. 37). Ich kenne kein anderes Schiff, das dergleichen je fuhr.

Im 18./19. Jahrhundert ließ man üblicherweise die, ja auch faktisch überflüssigen, Webeleinen an den Bramwanten weg, es sei denn die Bramstengen führten noch eine Royalstenge.

Webeleinen standen stets parallel zur KWL.
Die unterste befand sich bei Untermasten in Höhe der Reling, die oberste in entsprechendem Abstand zur Wurst, bei Stengewanten gewöhnlich zunächst direkt über den Jungfern, damit sie Matrosenfüße auch problemlos erreichen konnten.

Beim Stehenden Gut, speziell beim Ausweben von Wanten, aber auch in der Farbgebung der Taue, besteht bei Baukästen oft eine deutliche Unsicherheit.
Im Folgenden also etliche Positiv- wie Negativbeispiele von Baukästen, bei denen man oft nur mit Kleinigkeiten das Modell wirklich historisch gestalten könnte.

Die Royal Caroline wurde 1749 in England auf den Bedford Shipyards als königliche Luxusyacht erbaut und erst 1820 abgewrackt.
Ein ganz hervorragendes und auch mit korrekten Webeleinen (bis auf die Besanstenge) ausgerüstetes Baukastenmodell! Falsch sind freilich die hellen Wanten und Stage. Die waren dunkel geteert! Da sollte man noch ein bisschen nachbessern.
(Baukastenmodell der Firma MM-Mantua Model, Mailand)

Um die Mitte des 19. Jahrhunderts wurden an Stelle der Webeleinen zwischen den mittleren Wanten gelegentlich kleine Trittlatten eingeführt. Diese Latten waren original etwa 4 cm hoch und 1,5 cm stark (s. auch S. 94).

Das berühmte Meuterer-Schiff H.M.S. Bounty von 1789. Selbst wenn das Modell in recht kleinem Maßstab, 1:110, angeboten wird und deshalb viele Details vermissen lässt, Webeleinen an Groß- und Fockstenge sollte man darstellen! (Modellbaukasten von Constructio Modelismo, Barcelona)

Englische Ketsch Race Horse Ende des 18. Jahrhunderts. Ein tadelloses Modell in einem optimalen Maßstab (1:48). Allerdings erscheinen die Wanten allzu hell, die waren nämlich, im Gegensatz zu den Webeleinen, stets dunkel geteert. (Baukasten von MM-Mantua Model, Mailand)

*Die Schonerbrigg ST. HELENA lief 1814 von Stapel und wurde in der Karibik für den Warenverkehr zwischen den Inseln und dem südamerikanisch-spanischen Festland eingesetzt.
Ein weitgehend tadelloses Modell. Allerdings sind die Webeleinen an der Großstenge unsinnig. Das Großtoppsegel konnte bis zum Mars abgefiert werden – und wer sollte dann noch in den Großtopp aufentern? (Baukasten der Firma CONSTRUCTIO MODELISMO, Barcelona)*

Die FLYING FISH, 1860 von Stapel gelassen, war einer der schnellsten Fischfang-Schoner auf den Neufundlandbänken. Ein hervorragendes Modell – nur die Webeleinen im Topp sind historisch nicht korrekt (Baukasten der Firma COREL, Mailand)

Das 1932 erbaute belgische Schulschiff MERCATOR, das heute in Ostende als Museumsschiff liegt. An dem tadellosen Modell ist allenfalls auszusetzen, dass die Webeleinen schwarz statt naturfarben sind. (Baukasten der Firma MANTUA MODEL, Mailand)

Die kanadische BLUENOSE II aus der zweiten Hälfte des 19. Jahrhunderts, eigentlich ein Fischerei-Schoner, wurde vor allem für Regatten eingesetzt. Ein absolut optimales Modell. (Baukasten der Firma CONSTRUCTIO MODELISMO, Barcelona)

Modellbau

Das Ausweben von Wanten ist für einen Modellbauer eine fraglos nicht schwierige, jedoch auch höchst langweilige Beschäftigung, wenn sie exakt ausgeführt und das Modell einen wirklich guten Eindruck machen soll.
So ist das nun einmal, und ich wüsste wahrlich kein Rezept dagegen!
Aber wenigstens ein bisschen kann man sich diese Arbeit trotzdem leichter machen: Zeichnen Sie auf ein Stück Pappe in Ihrem Maßstab die entsprechenden Webeleinen auf – Bleistift ist gut, Tusche ist besser. Die Höhe der Großwanten ist vernünftig. Für kürzere Wanten kann man ja das Pappestück entsprechend abschneiden. Jetzt haben Sie schon einmal das Schema – von Webeleine zu Webeleine den Abstand abzumessen ist wahrlich allzu mühsam!
Klemmen Sie diese Pappstück hinter Ihre Wanten und Sie haben eine saubere Schablone nach dem Sie Ihre Wanten ausweben können.

Durchschlappen

Webeleinen standen niemals exakt waagerecht zwischen den Wanten, sonder hingen etwas nach unten durch – dafür sorgten die Füße aufenternder Matrosen.

Modellbau

Für einen Modellbauer gerät dies freilich zum ernsthaften Problem. Denn das Material der Webeleinen, so dünn es auch sein mag, ist nun einmal sehr viel starrer als im Original. Es hängt nicht brav nach unten, sondern hat die Tendenz sich nach vorne und hinten zu verdrehen und abzuspreizen. Mein viel zitierter Freund Werner Zimmermann versuchte deshalb, die Webeleinen mit Sekundenkleber zu versteifen und sie dann mit einem Hölzchen bis zum Trocknen wunschgemäß in der richtigen Position zu halten. Das klappt in der Tat (wenn das Hölzchen nicht auch gleich *mit* anpappt!). Von einigen Ausflügen in die Neuzeit baut Herr Zimmermann freilich vorzugsweise Schiffe des frühen bis hohen Mittelalters, wo es ohnehin allenfalls nur vereinzelt Webeleinen gab. Derlei bei einer Galeone, einer Fregatte oder gar einem Linienschiff des 16. bis 19. Jahrhunderts zu versuchen ist einfach *nicht durchführbar*! (Da sollte man sich lieber gleich in der nächsten Psychiatrischen Klinik – früher als *Irrenhaus/Klapsmühle/* usw. bezeichnet – als Dauerpatient anmelden). Kurz: Das bringt nichts!
Meine Ausgburger Modellbaufreunde, darunter Peter Holz, und auch ich haben es mit verdünntem PONAL versucht (da bleibt wenigstens das Hölzchen, mit dem man die Bucht der Webenleine herunter drückt, gewöhnlich nicht kleben!). Was freilich den nötigen Zeitaufwand anbelangt, so ist man um kein Haar besser dran, eher noch schlechter, da PONAL schließlich eine erheblich längere Zeit zum Trocknen braucht als Sekundenkleber. Kurz: Auch das bringt nichts!
Was also tun? Ich setze die Webeleinen auf *meinen* Modellen ziemlich kurz – nicht eben straff, sondern mit, allerdings nur mit sehr leichtem, „Spiel“ – an. So können sie sich nicht in irgendwelche Richtungen verdrehen. Und so falsch ist das historisch ja auch gar nicht, denn so sahen die Webeleinen tatsächlich aus, wenn sie noch nicht von den Füßen der Matrosen herunter getreten waren.

Wantschwichtung

Seit Ende des 16. Jahrhunderts war es auf englischen Schiffen üblich, die Wanten zu verdrillen. Eine Leine wurde um Wurst bzw. Wanten geschlungen und dann meist mit Zurringen zusammen gedreht.
Der durchaus vernünftige Sinn war, dass man mit dieser Methode Wanttaue erneut straffen konnte, ohne dass man deshalb gleich die Taljereeps aufdröseln musste.
Der berühmte holländische Zweidecker von 1660/70 (s. auch S. 71 und 72) hatte noch keine solchen Wantschwichtungen. Kontinental wurden sie erst im letzten Drittel des 17. Jahrhunderts üblich.

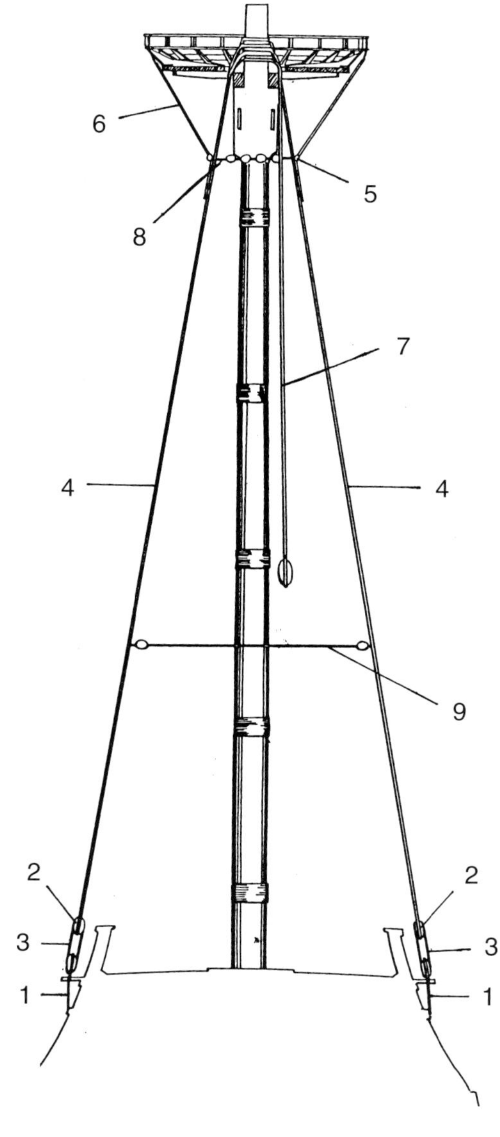

Wantschwichtung:
1. Püttingseisen mit Püttingsjungfern,
2. Wantjungfern , 3. Taljerepps,
4. Wanten, 5. Wurst, 6. Püttingswanten,
7. Ladetakel, 8. obere Schwichtung an der Wurst, 9. untere Schwichtung, vor allem bei Schiffen englischer Bauart häufig.
(Zeichnung von Brian Lavery, Greenwich)

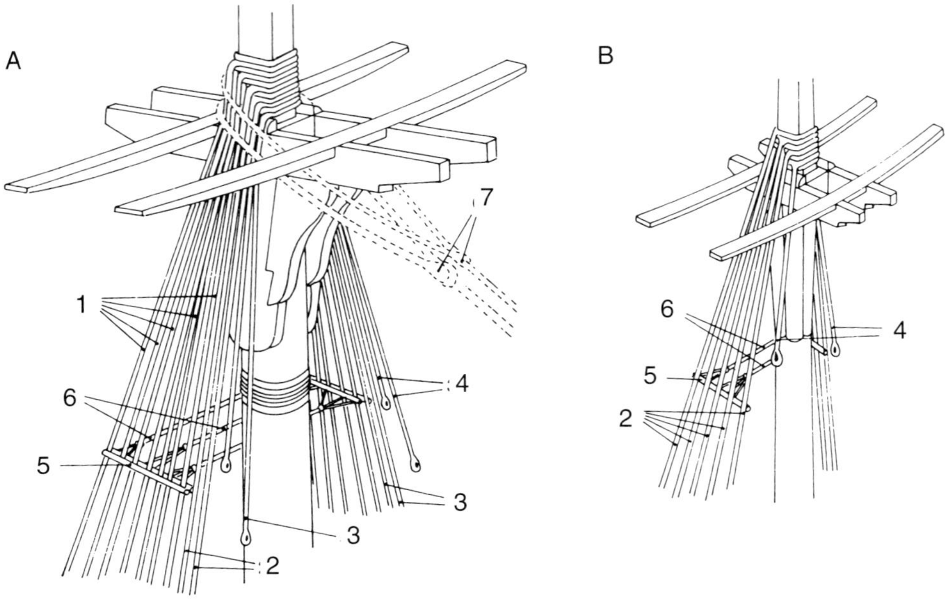

Wantschwichtung: A. Unterwanten, B. Stengewanten.
1. Wanten, 2. Stengewanten, 3. freie Wanten, 4. Seitentakelhanger, 5. Wurst, 6. Schwichtung bzw. Verdrillung, 7. Stage.
(Zeichnung nach einer Vorlage von Jean Boudriot, Grenoble/Paris)

Zunächst wurden nur die Unterwanten „verdrillt“, seit dem 18. Jahrhundert auch die Marswanten.
Zunächst waren die Methoden solch eine Schwichtung anzusetzen noch recht unterschiedlich, seit Beginn des 18. Jahrhunderts waren sie englisch wie kontinental weitgehend identisch.
Englische Kriegsschiffe verwendeten gelegentlich – etwa in halber Masthöhe sogar eine zweite solche Schwichtung an Groß- und Fockmast.
Diese Taue waren nicht dunkel geteert, sondern hatten Naturfarbe.

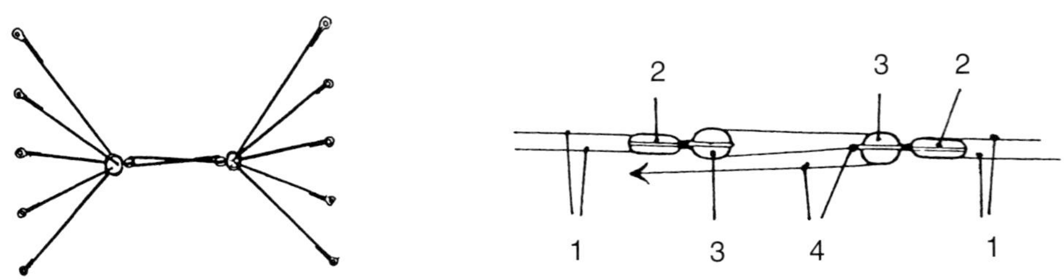

Obere Schwichtung der Unterwanten mit Jungfern und Takel.
Diese Methode war weitgehend im 17. Jahrhundert (sofern überhaupt Schwichtungen gefahren wurden) üblich. Danach verschwand sie Anfang des 19. Jahrhunderts weitgehend wieder als zu kompliziert.
1. Taue zu den Wanten, 2. Jungfer, 3. Block, 4. Spanntalje.
(Zeichnung nach Brian Lavery und Frank Howard, Greenwich)

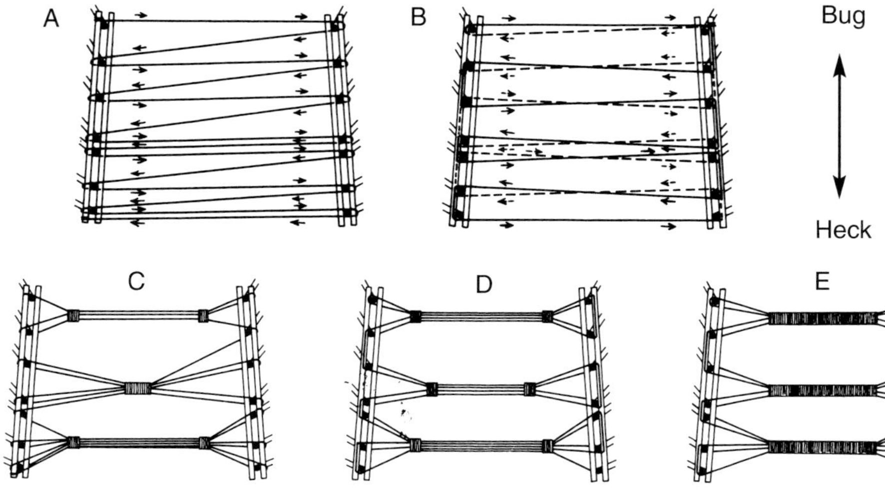

Obere Wantschwichtung seit dem frühen 18. Jahrhundert. A. Führung mit durchgehender Leine. B. Führung mit Einzelleinen. C bis E verschiedene Methoden des Verdrillens.

Modellbau

Ich kenne kein (!) Baukastenmodell, das entsprechende Schwichtungen in seinen Plänen zeigt!
Auch wenn auf einem Modell ein wenig kniffelig anzubringen, gehörten sie spätestens seit der ersten Hälfte des 18. Jahrhunderts (!) ganz einfach zum Stehenden Gut. Also auch auf ein Optimalmodell!

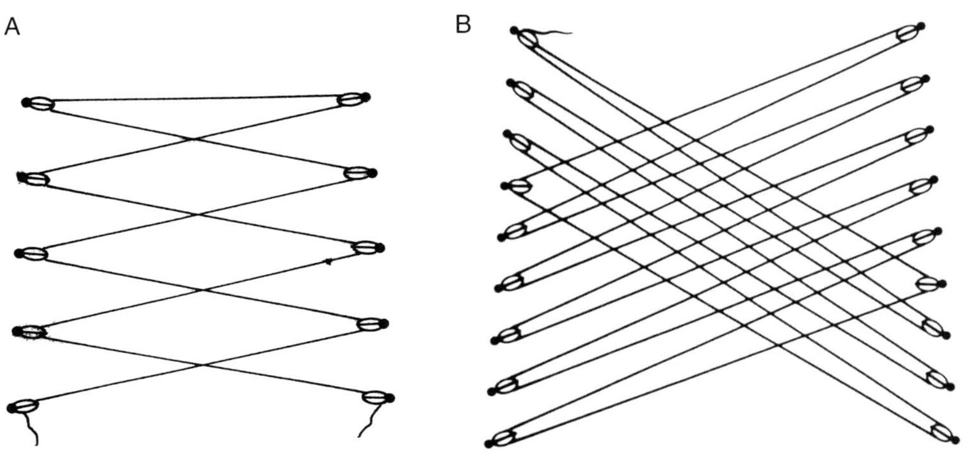

Die untere Wantschwichtung war stets mit kleinen Blöcken angesetzt.
A. 17. Jahrhundert. B. seit etwa 1700 üblich.

Pardunen

Als im 16. Jahrhundert die Stengen immer länger und die Marssegel immer größer wurden, als dann noch Bramstengen und Bramsegel hinzu kamen, reichten Stenge- und Bramwanten als Abstützung nicht mehr aus.
Man versteifte sie also nach achtern und den Seiten mit den Pardunen.

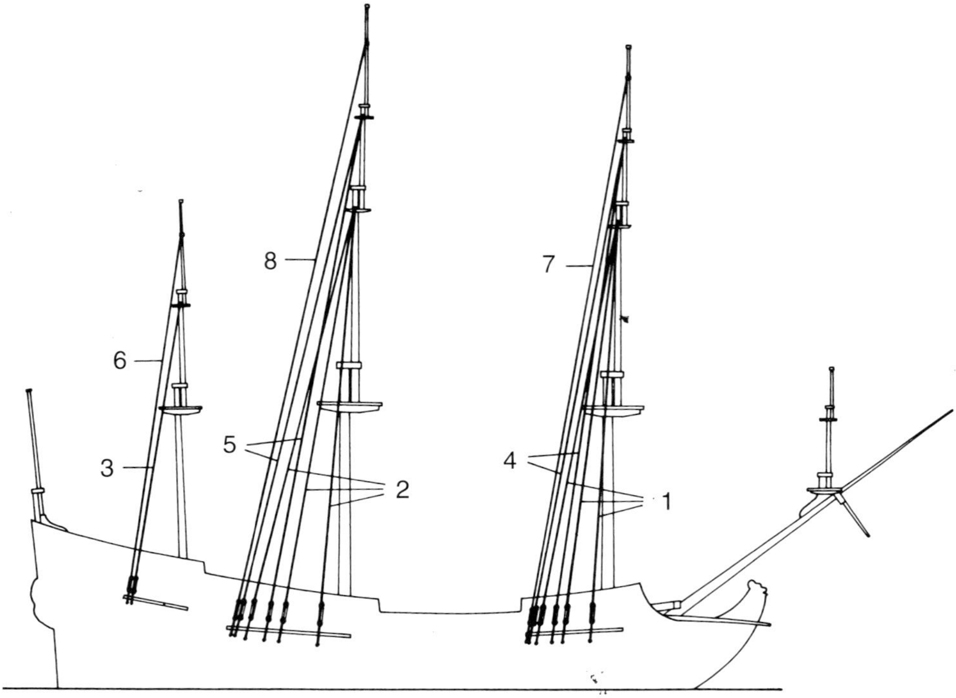

1. Fockstengepardunen, 2. Großstengepardunen, 3. Besanstengepardunen, 4. Fockbrampardunen, 5. Großbrampardunen, 6. Besanbrampardunen, 7. Fockroyalpardunen, 8. Großroyalpardunen.

Historische Entwicklung

Die Mehrzahl der Schiffshistoriker setzt ziemlich korrekt die Einführung von Pardunen auf das frühe 17. Jahrhundert an.
Etlichste dieser Herren nennen freilich erst das späte 17. Jahrhundert, manche sogar erst den Anfang des 18. Jahrhunderts.
Die beiden letzteren Behauptungen sind aber schlicht gesagt Blödsinn. Meine Herren, wo hatten Sie da ihre Augen? Etwa nur in den Büchern ihrer Vorgänger, welche die Bücher ihrer Vorvorgänger mehr oder minder abgeschrieben haben, die sich dann auf einen Vorvorvorgänger berufen, der möglicherweise ganz einfach eine Jahreszahl verwechselt hat?
In den Geisteswissenschaften ist dies leider ein gar nicht so seltener Vorgang, wo man nur zu oft beobachten muss, dass offensichtliche Fehler artig von Wissenschaftler-Generation zu Wissenschaftler-Generation tradiert werden.

Bei der ARC Royal dem englische Flaggschiff wider die „unüberwindliche" spanische Armada 1588, hat der Stecher bereits Pardunen angedeutet, auch wenn er noch nicht so recht wusste, was er mit ihnen anfangen sollte.

Manchmal macht es ja sogar Spaß solchen Unsinn über Jahrzehnte zurückzuverfolgen – in den oft überdimensionalen Literaturverzeichnissen (die der entsprechende Autor vielfach gar nicht gelesen haben *kann*!) wird man da leicht fündig. In der Regel wird man sich freilich nur *ärgern*.
Ja, meine Herrn Historiker, gestatten Sie mir nochmals die Frage: Wo hatten Sie da Ihre Augen? Offenkundig wohl nicht, beispielsweise, auf dem berühmten Stich der Sovereign of the Seas von 1637, wo Pardunen gerade büschelweise von Stenge-, Bram- und Royaltopp zu den Rüsten hinunter fahren (Abb. s. Band 7 Masten und Rahen S.88/89) Oder waren diese Pardunen eben nur eine „*visionäre*" Einbildung des Künstlers? Gilt das auch für die noch *original getakelten* Modellen jener Zeit, die es durchaus in den verschiedensten renommierten Museen zu besichtigen gibt? Auch wenn, zugegeben, der berühmte Holländische Zweidecker (s.S. 71) noch keine Pardunen führte.

Auch die *erstere* Behauptung wage ich eindeutig anzuzweifeln:
Selbstverständlich war eine Stengepardune auf der Santa María Colombos (wie in manchen Baukästen dargestellt und gefordert) völliger Unsinn!
Dass die großen Karracken des 16. Jahrhunderts Pardunen führten, halte ich für höchst unwahrscheinlich. Mars- und gar Bramsegel waren noch reine Schön-Wetter und Parade-Segel, die samt ihren zugehörigen Stengen noch keiner zusätzlichen Sicherung bedurften.

Das Bild änderte sich freilich etwa um 1570/80 radikal, als Mars-und sogar Bramsegel zu echten „*Arbeitssegeln*" wurden. Und da waren nun Pardunen durchaus angesagt! (Abb. s. auch Band 2 Material und Werkzeug S. 116).

Schiffe holländischer Bauart verwendeten statt Pardunen bis in die zweite Hälfte des 17. Jahrhunderts gerne die nach den Seiten gespreizten Fallen als Absteifung nach achtern. (Original getakeltes Modell einer Fleute um 1650 im Nederlandsch Historisch Scheepvaarts Museum, Amsterdam)

Dass man auf zeitgenössischen Darstellungen englischer Schiffe diese Pardunen noch nicht sehen kann, mag daran liegen, dass sie noch allzu neu waren, um ins Bewusstsein der Künstler voll einzusickert zu sein.
Wie mehrfach nachgewiesen, hatte so mancher Stecher oder Holzschneider solch ein Schiff in der Realität nie gesehen, sondern arbeitete brav nach vorgegebenen Mustern – eine Gefahr für jeden Schiffshistoriker und Modellbauer! Andererseits: Gerade da, wo für die entsprechende Zeit innovative, ungewöhnliche Details dargestellt werden, sind jene Darstellungen um so glaubwürdiger, weil der Künstler, so traditionell das Schiff ansonsten dargestellt sein mag, eben nicht nur Darstellungstraditionen folgte!

Historisch eindeutig belegbarer Fakt ist:

Auf dem Originalmodell der Zeelandia *von 1662 gab es bereits Pardunen. (Modell im Maritime Museum „Prins Hendrik“ in Rotterdam)*

Niederländisches Kriegsschiff von 1671, eindeutig mit Pardunen. (Originale Zeichnung von Nicolaes Witsen, 1671)

In dieser für Holland „modernen“ Art wurde auch die Kurbrandenburgische Fleute DERFFLINGER ex WOLKENSÄULE von 1675 aufgetakelt. Rechts der Plan. (Modell von Peter Holz, Dasing, und Wolfram zu Mondfeld, Hohenfurch, im Deutschen Technikmuseum, Berlin)

Um 1637 (SOVEREIGN OF THE SEAS) waren Pardunen längst bekannt und wurden oft massenweise (selbst wenn der SOVEREIGN-Stich da übertreiben sollte) eingesetzt.
Diese Pardunen müssen fraglos, wenn auch einfachere, Vorgänger im 16. Jahrhundert gehabt haben. 1570/80 erscheint mir dafür ein optimaler Zeitpunkt.

Nahezu fraglos ist, dass Pardunen zunächst in England eingesetzt wurden.

Die Niederlande, im 17. Jahrhundert die zweite große Seemacht, folgte diesem Beispiel eher zögerlich. Bis über die Mitte des 17. Jahrhunderts setzte man in Holland die nach den Seiten ausgespreizten Fallen, manchmal sogar die Schoten der Untersegel als Absteifung der Masten und Stengen nach achtern ein. Der Holländische Zweidecker von 1660/70 fährt noch keine Pardunen. Auf dem niederländischen Zweidecker Zeelandia und sogar die 1649 in Middelburg erbauten Prins Willem scheint es aber bereits Pardunen gegeben zu haben. Ganz eindeutig zeichnet Nicolaes Witsen in seinem Buch Aeloude en Hedendaegse Scheepsbouw en Bestier Pardunen ein. Ende des 17. Jahrhunderts waren in den Niederlanden Pardunen Standard.

Frankreich schwankte zunächst zwischen holländischer und englischer Takelform, entschied sich dann freilich in der zweiten Hälfte des 17. Jahrhundert eindeutig, weil effektiver, für die Form des englischen „Erbfeindes“!

Der Rest Kontinental-Europas (Schweden, Dänemark, Russland, Polen, Kurbrandenburg/Preussen) baute und takelte im 17. und frühen 18. Jahrhundert

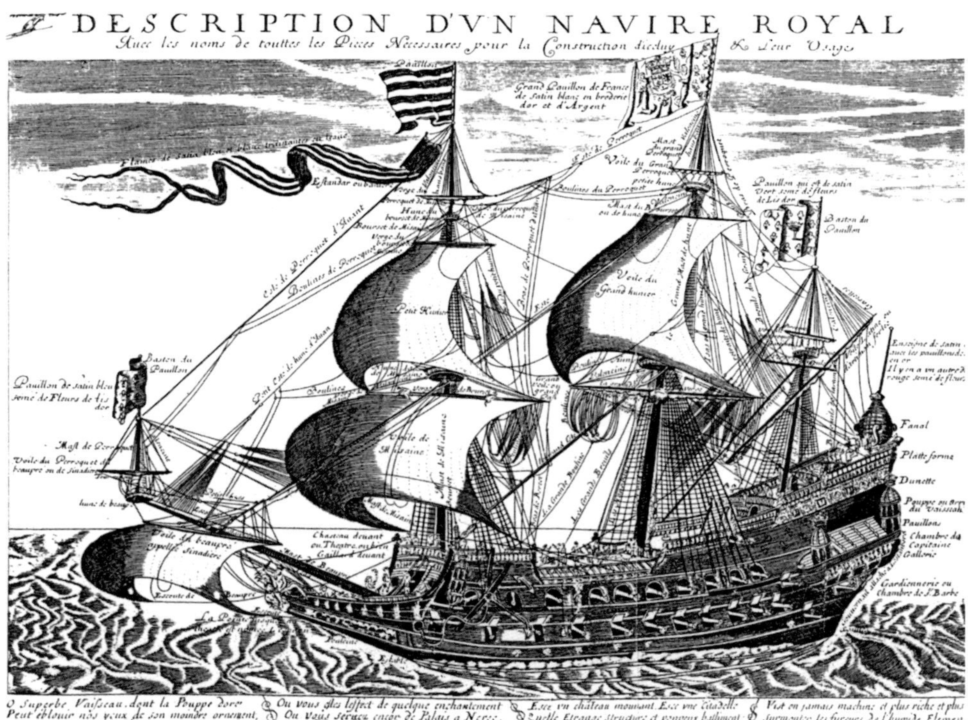

Die französischen Zweidecker-Schwesterschiffe La Couronne und Royal St. Louis von 1636 galten als die besten Großkampfschiffe ihrer Zeit. Nach holländischem Vorbild gebaut, verfügten sie noch über keine Pardunen.
(Stich nach den Angaben des Jesuitenpaters Georges Fournier)

weitgehend nach niederländischem Vorbild ehe sich zunehmend die englische Bauweise durchsetzte.
Spanien hielt sich seit der Katastrophe der „unüberwindlichen Armada“ von 1588 weitgehend an das französische Vorbild. Ebenso Italien bei nordeuropäisch getakelten Schiffen.

Frankreich folgte seit Mitte des 17. Jahrhunderts bei den Pardunen voll dem englischen „Erbfeind“. Linienschiff 1. Ranges mit 112 Geschützen an Bord aus dem letzten Drittel des 17. Jahrhunderts.
(Originalstich von Pierre Puget im Musée de la Marine, Paris)

Setzen der Pardunen

Die Pardunen wurden genau so wie die Stengewanten über den Stenge- bzw. Bramtopp gelegt. In der ersten Hälfte des 17. Jahrhunderts bildete sich die Gewohnheit heraus, manche davon völlig zu bekleiden.
Pardunen nach 1840 waren wie auch die Wanten und Stage in der Regel aus Stahlseilen hergestellt und wie alle Stahlseile vollständig gekleidet.
Bei den Pardunen unterscheidet man zwischen „fliegenden“ und „stehenden“ Pardunen.

Fliegende Pardunen wurden mit Blöcken und Takeln angesetzt, deren laufende Part binnenbords an einem Nagel oder einer Klampe belegt war.

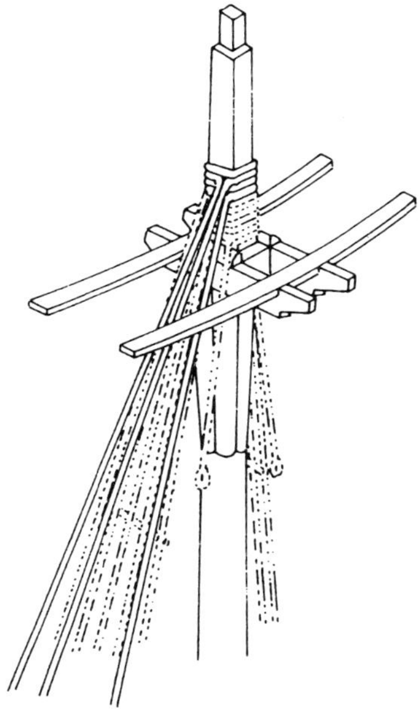

Pardunen wurden über den Wanten am Topp in der gleichen Weise wie diese angesetzt.
(Zeichnung nach Jean Boudriot, Grenoble/Paris)

Stehende Pardunen wurden mit Jungfern (sie hatten die Größe der Jungfern für Stenge- bzw. Bramwanten), gelegentlich auch Blöcken entsprechender Größe, Dodshoofden oder Kauschenzügen angesetzt. Die Talje bzw. das Taljereep wurde ebenso wie bei den Wantjungfern an der Pardune festgezurrt.
Auf kleineren Schiffen befestigte man die untere Jungfer, Block, Dodshoofd oder Kausch gerne auch mit einem Stropp an einer Wantjungfer.
Seit der Mitte des 19. Jahrhunderts setzte man vielfach auch Spannschrauben ein, die jenen der Wanten, wenn auch entsprechend kleiner, glichen.
Die unteren Blöcke fliegender Pardunen waren in der Regel mit Haken ausgerüstet, der in einen Ringbolzen auf der Rüste, an der Bordwand hinter der Rüste,

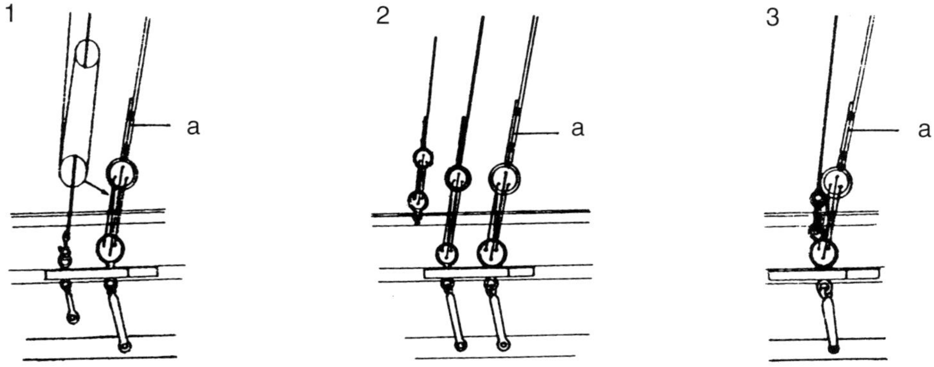

Pardunen:
1. Fliegende Pardune, 2. stehende Pardune auf Rüste bzw. Reling angesetzt,
3. stehende Pardune mit Kausch in Püttingseisen angesetzt (meist kleinere Schiffe).
a. Wanten.
(Zeichnung Karl Heint Marquardt, Mountrose, Victoria AUS)

gelegentlich auch auf der Reling eingehängt wurde. Saß dieser Ringbolzen auf der Rüste, so hatte er zumindest ein kleines Püttingseisen.

Die unteren Blöcke, Jungfern, Dodshoofden und Kauschen stehender Pardunen wurden mit kleinen Püttingseisen an den Rüsten befestigt – manchmal auch auf kleinen eigenen Pardunenrüsten (den „Rüststühlen") hinter und meist etwas höher der Hauptrüsten (s. hierzu auch Bd. 4 DIE AUSRÜSTUNG Kap. Rüsten).

Spannschrauben an Ringbolzen wurden wie die Unterwanten angesetzt.

Schiffe vor der Mitte des 17. Jahrhunderts fuhren grundsätzlich fliegende Pardunen. Dann kamen, von England ausgehend, stehende Pardunen hinzu. Allerdings war es durchaus üblich, auf ein und demselben Schiff Pardunen mit den verschiedensten Methoden anzusetzen. So fuhr etwa die HMS VICTORY, das Flaggschiff Lord Nelsons 1805, am Fockmast drei Paar fliegende Pardunen mit Blöcken, drei Paar stehende Pardunen mit Jungfern und ein Paar stehende Pardunen mit Kauschen, alle auf der Fockrüste; am Großmast zwei Paar fliegende Pardunen mit Blöcken und zwei Paar stehende Pardunen mit Jungfern auf der Großrüste sowie ein Paar fliegende Pardunen mit Blöcken, zwei Paar stehende Pardunen mit Jungfern und ein Paar stehende Pardunen mit Kauschen auf einem Pardunenstuhl hinter der Großrüste; am Besanmast ein Paar fliegende Pardunen mit Blöcken auf der Besanrüste sowie zwei Paar stehende Pardunen mit Jungfern und ein Paar stehende Pardunen mit Kauschen auf einem Pardunenstuhl hinter der Besanrüste.

Modellbau:

Das Ansetzen der Pardunen am Topp bereitet keinerlei Probleme.

Da es aber kein irgendwie erkennbares System für ihre untere Befestigung gab, hilft hier wiederum nur ein optimaler Plan weiter, wobei auch dieser vielfach nur auf Annahmen der Rekonstrukteure beruht. Da, wie schon gesagt, die Takelage dem persönlichen Ermessen des jeweiligen Kapitäns anheim gegeben war, setzte wohl jedes Schiff mehr oder weniger seine Pardunen höchst individuell (was sich im nächsten Jahr unter einem anderen Kapitän schon wieder ändern konnte), vielleicht außer der Regel, dass nur relativ *leichte* Pardunen mit Dodshoofden bzw. Kauschen gesetzt wurden.

Vorteil für den Modellbauer: Wenn er sich an die generellen Regeln hält, kann er eigentlich gar nichts falsch machen! Zumindest nicht, solange nicht wirklich eindeutige Abbildungen für genau den Zeitpunkt vorliegen, zu welchem das Modell dargestellt werden soll. Aber wie schon einmal gesagt, unterschied sich ein Schiff oft im Lauf der Zeit gewaltig von seinem ursprünglichen Entwurf!

Vorsicht! Mehr noch als Wanten sind Pardunen dazu geeignet eine(n) Mast/Stenge aus dem rechten Lot zu bringen, greifen sie doch viel weiter oben, und damit letztlich modellbauerisch *wirkungsvoller* an! Und die Rundhölzer dort oben sind zu schwach, um einem energischen Zug nach steuerbord oder backbord oder nach achtern *nicht* nachzugeben!

Ein entsprechender Stagzug mag eine Stenge/Bramstenge vielleicht noch in die erwünschte Position bringen, auch wenn da die Gefahr besteht, dass sich das Rundholz in der Mitte irgendwie durchbiegt – im schlimmsten Fall sogar bricht! Seitlich Pardunen eben noch „steifer“ zu setzen bringt noch weniger, außer, dass Ihr Mast im Zweifelsfall S-förmig verformt wird!
Ein vernünftiger „Zugausgleich“, wie bereits postuliert, zwischen den verschiedenen Tauen ist hier mehr als notwendig! Und je höher in der Takelage, um so unumgänglicher!
Geben Sie sich selber also – *bitte!* – die nötige Zeit dafür! Auch wenn Ihr Modell zu diesem Zeitpunkt mit herab hängenden Taljen und Taljereeps für Laienbetrachter (aber was verstehen die denn schon davon!) nicht ganz so adrett aussehen mag …

Freie Pardunen

Bis etwa Mitte des 19. Jahrhunderts wurden Pardunen völlig frei gefahren, danach leitete man sie oftmals über Ausleger der Salinge.

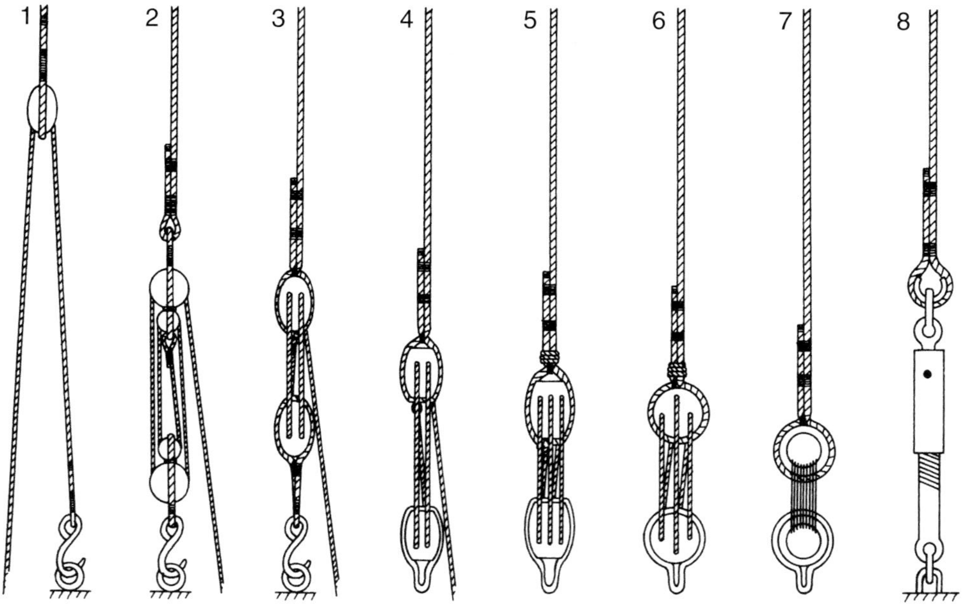

Festmachen der Pardunen:
1. fliegende Pardune 16. bis 18. Jahrhundert (auf kleineren Schiffen auch später), 2./3. fliegende Pardune 18. bis frühes 19. Jahrhundert, 4. fliegende Pardune 18./19. Jahrhundert, 5./6. stehende Pardune 17. bis 19. Jahrhundert, 7. stehende Pardune 18./19. Jahrhundert, 8. stehende Pardune ab Mitte 19. Jahrhundert.
Fliegende und stehende Pardunen waren bis ins 19. Jahrhundert oft bunt gemischt ohne dabei ein System erkennen zu können außer, dass Stengepardunen meist stehend, Bram- und Royalpardunen vielfach fliegend angesetzt wurden.

Stage

Neben den Wanten waren die Stage der wichtigste – in der Entwicklungsgeschichte des Schiffbaus auch älteste – Teil des Stehenden Gutes.
Sie stützten die Masten nicht nur bugwärts ab, sondern brachten durch ihren Gegenzug auch die Wanten und Pardunen in ihrer Stützfunktion erst voll zur Wirkung.

Bugstage

In der Antike (im Mittelmeerraum) und auch in der nordischen Bronzezeit sind sie bereits eindeutig bildlich bezeugt.
Wie sie genau gefahren wurden entzieht sich freilich (zumindest bislang) unserer Kenntnis. So ist man hier fraglos auf *Annahmen* angewiesen, die freilich *so sehr daneben* nicht sein dürften. Diese Annahmen gehen davon aus, das jene Stage sich nicht allzu sehr von jenen des hohen Mittelalters unterschieden haben können, da sie ja dem gleichen Zweck dienten.

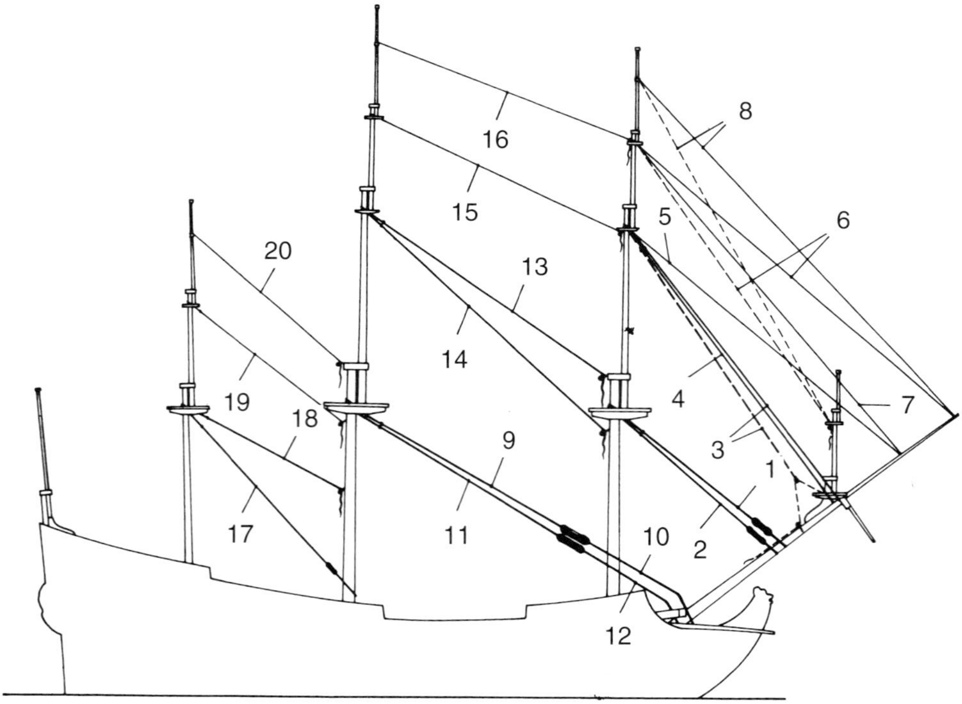

Stage im 17. bis 19. Jahrhundert:
1. Fockstag, 2. Fockborgstag, 3. Vorstengestag, 4. Vorstengeborgstag, 5. Klüverstag, 6. Vorbramstag, 7. Vorbramborgstag, 8. Vorroyalstag, 9. Großstag, 10. Großstagkragen, 11. Großborgstag, 12. Großborgstagkragen, 13. Großstengestag, 14. Großstengeborgstag, 15. Großbramstag, 16. Großroyalstag, 17. Besanstag, 18. Besanborgstag, 19. Besanstengestag, 20. Besanbramstag. Gestrichelte Linien: Stage vor 1720.

Privates Reiseschiff des Herrn Ti – Großgrundbesitzer, Staatsbeamter und nach heutigen Begriffen Muntimilliardär – aus der 5. altägyptischen Dynastie (2563–2423 v. Chr.) mit eleganter Privatkajüte im hinteren Drittel des Schiffes und deutlich sichtbarem Vorstag. (Zeichnung von Björn Landström, Stockholm, nach einem Relief aus dem Grab des Herrn Ti in Saqqara)

Das prunkvolle Reiseschiff der Königs Tut-anch-Amûn (18. altägytische Dynastie um 1315 v. Chr.) verfügt ebenfalls eindeutig über Stage.
(Originalmodell aus den Grab des Königs, heute im Äygptischen Museum, Kairo)

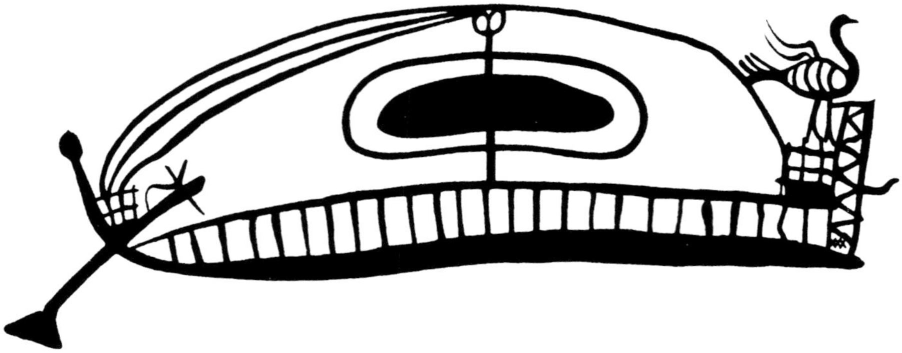

Spätmykenisches Schiff auf einer Vase aus Pylos um 1200 v. Chr. So ähnlich muss die ARGO *des Sagenhelden Jason aus gesehen haben.*
(Zeichnung nach einer griechischen Vase von Wolfram zu Mondfeld, Hohenfurch)

Fraglos ein Handelsschiff aus dem schwedischen Järrestadt um 1000 v. Chr. mit Takelage und 19 Mann Besatzung. Die nur auf dem Marsch gesegelten, im Kampf jedoch grundsätzlich geruderten Kriegsschiffe waren die erklärten Lieblinge der Nordmänner, während die gesegelten Handelsschiffe auf Darstellungen kaum eine Rolle spielten.
(Zeichnung nach einer Hällristningar-Felsritzung in Järrestadt von Wolfram zu Mondfeld, Hohenfurch)

Klartext: Es waren starke Taue, die am Masttopp mit einer gespreißten oder gezurrten Schlinge angesetzt waren und zum Vorsteven, später auch zum binnenbordlichen Bugspriet führten, wo sie, vermutlich mit Blöcken oder Dodshoofden gespannt wurden.
Im 16. Jahrhundert setzte sich dann durch die Stage mit einer „Maus" am Topp zu setzen (s. Folgekapitel).

Doppelte Bugstage

Es gab sie wohl bereits im 13. Jahrhundert, wenn auch nur sehr vereinzelt. Im späten 14. bis Mitte des 15. Jahrhunderts war sie bei den immer höher und wuchtiger werdenden Masten großer Schiffe durchaus beliebt (s. auch Band TAUE, BLÖCKE UND SEGEL S. 9).

Ein nach dem Pferdekopf „Hippos" genanntes Handelsschiff der Phoenizier im 7. Jahrhundert v. Chr. – sehr vernünftig die rekonstruierte Mastleiter. (Modell im National Maritime Museum in Haifa)

Römisches Handelsschiff (Weinfrachter) aus dem 3. Jahrhundert v. Chr. Das sehr kräftige Vorstag ist mit einer zweilöchrigen Jungfer angesetzt, die Wanten mit einer Art Dodshoofden.
Höchst interessant auch die beiden dreieckigen Toppsegel, die auch auf anderen Darstellungen jener Epoche gut zu erkennen sind.
(Marmornes Weihe-(Votiv-)Geschenk aus Portus Romae, heute im Museo Torlonia in Rom)

All diese Schiffe verfügen über Vor- und Backstage. Die Schiffe von Järrestadt und Portus Romae zeigen auch deutlich die Wanten.

Doppelte Stage:
Oben links: Erstes Siegel von Romney (exakter Nachschnitt von 1538).
Unten rechts: Siegel von Elbing 1350.
(Zeichnungen von Werner Zimmermann, Augsburg)

Sie waren hintereinander am Bugspriet angeschlagen. Mitte des 15. Jahrhunderts verschwanden sie zunächst, um im 18. Jahrhundert als „Borgstage" wieder aufzuerstehen, s. Kap. Falsche Stage und Borgstage S.153 ff.

Backstage

Bis Anfang des 15. Jahrhunderts waren sie offenbar weitgehend Standard.
Real waren sie – einfach oder doppelt gefahren – nichts anderes als nach achtern verlängerte Wanten.
Genaueres zum Thema s. Kap. Backstage S. 157 ff.

Modellbau

Das, was ich in den letzten Kapiteln bereits mehrfach über den Zugausgleich zwischen Wanten, Pardunen und Stagen sagte, brauche ich hier im Einzelnen wohl wirklich nicht mehr zu wiederholen!

Untermaststage

Die Stage waren spätestens ab Mitte des 16. Jahrhunderts grundsätzlich links geschlagen und an den Untermasten und Stengen gewurmt, aber niemals voll gekleidet ehe man Stahtaue verwendete. Zwischen der ersten Hälfte des 16. Jahrhunderts und etwa 1830 waren sie mit einer Maus ausgerüstet.

Großstag

Es war das dickste Tau auf einem Schiff. Nach ihm (100 %) richteten sich prozentual alle anderen Taue.

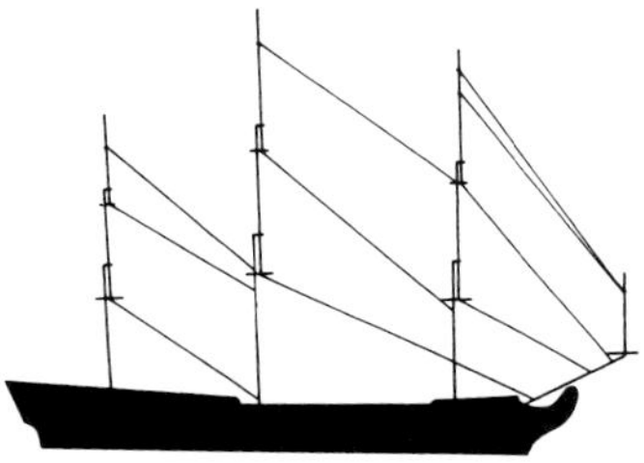

Französisches Kriegsschiff 1700

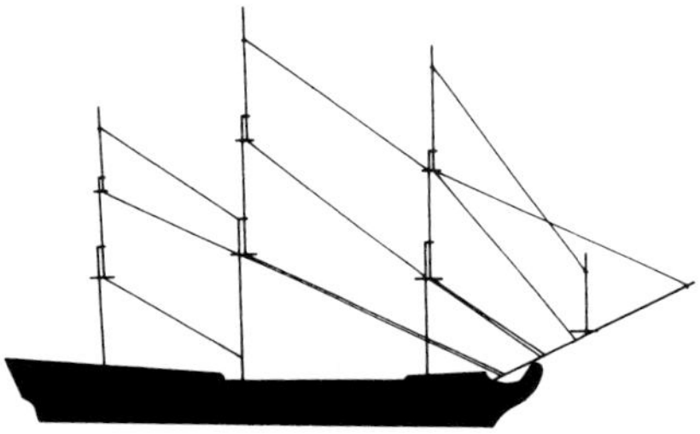

Englisches Kriegsschiff 1720

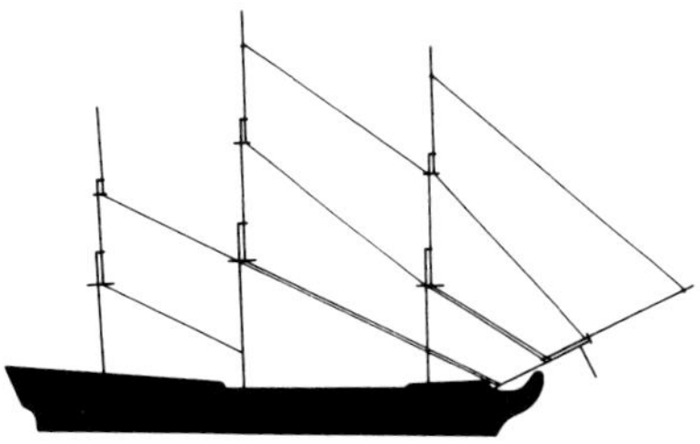

Schwedisches Handelsschiff 1760

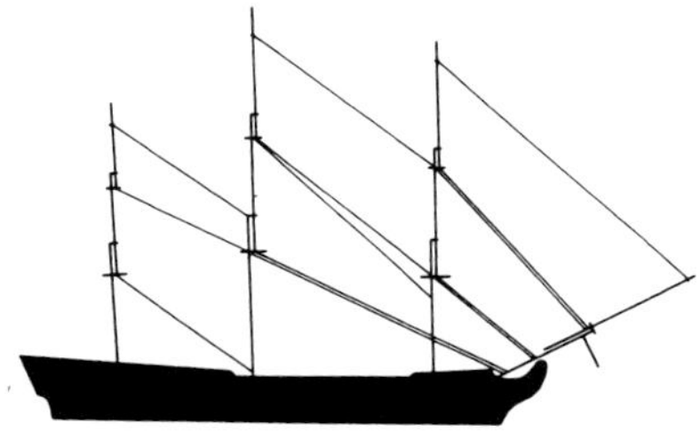

Französisches Kriegsschiff 1770

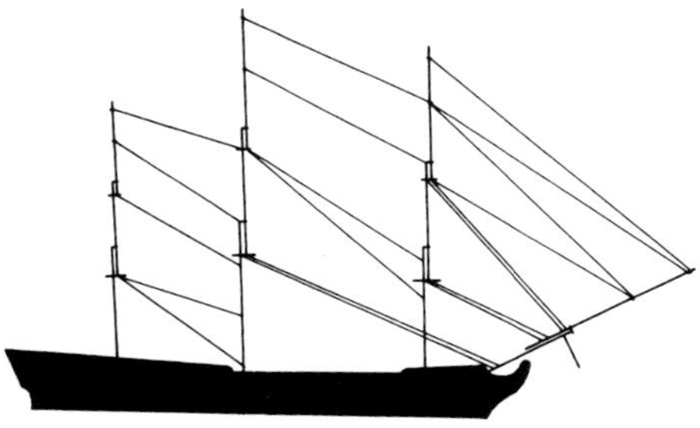

Englisches Kriegsschiff 1800

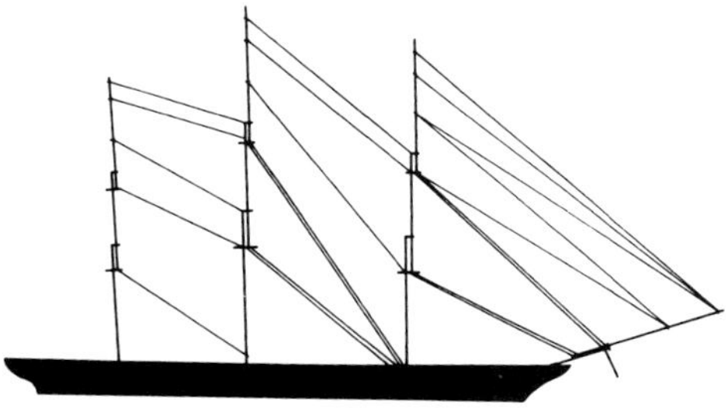

Englisches Handelsschiff 1820

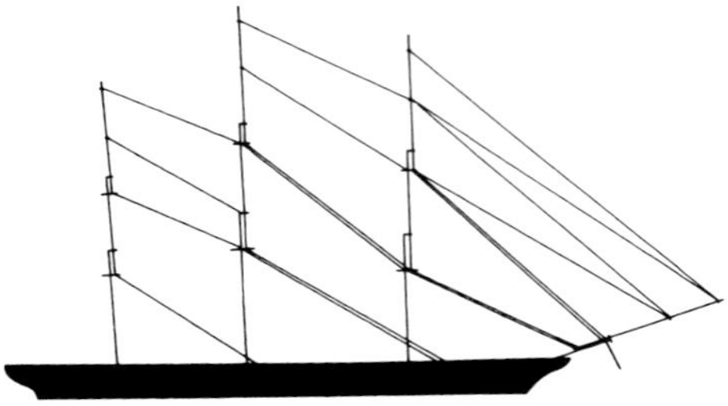

Französisches Kriegsschiff 1840

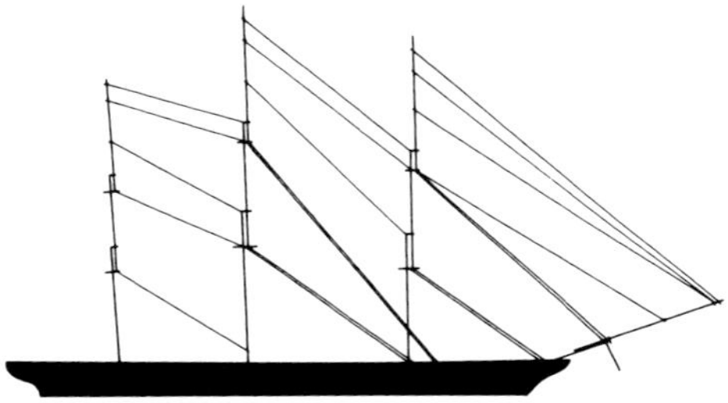

Englisches Handelsschiff 1850

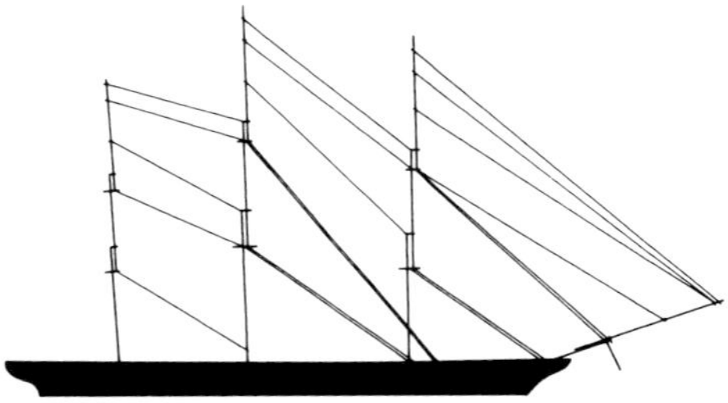

Amerikanisches Handelsschiff 1850

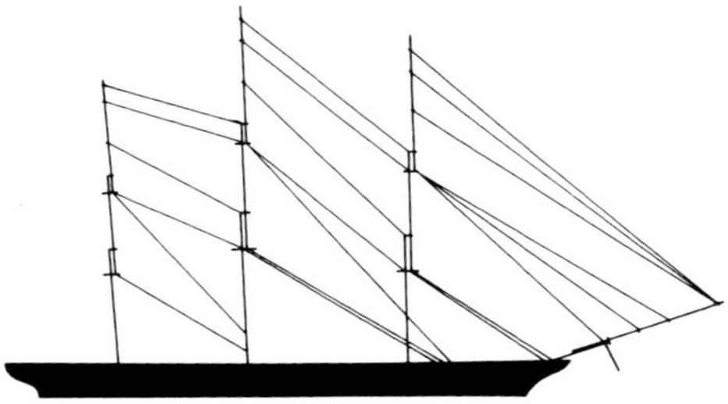

Deutsches Handelsschiff 1860

Stagauge

Ein Stag wurde mit einem „Auge" über Wanten, Pardunen und Längssaling um den Masttopp gelegt.

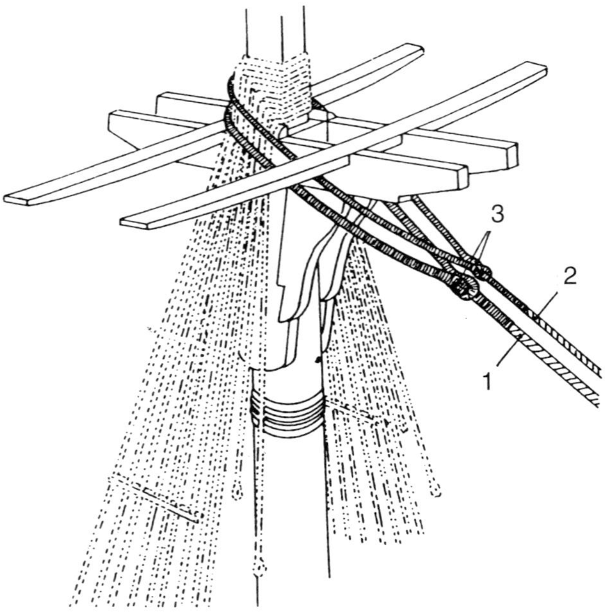

Ansetzen des Stags am Topp. Die Methode kam im frühen 16. Jahrhundert auf und veränderte sich bei Hanftauen bis in die erste Hälfte des 19. Jahrhunderts nicht mehr. 1. Stag, 2. Borgstag. 3. Maus. (Zeichnung nach Jean Boudriot, Grenoble/Paris)

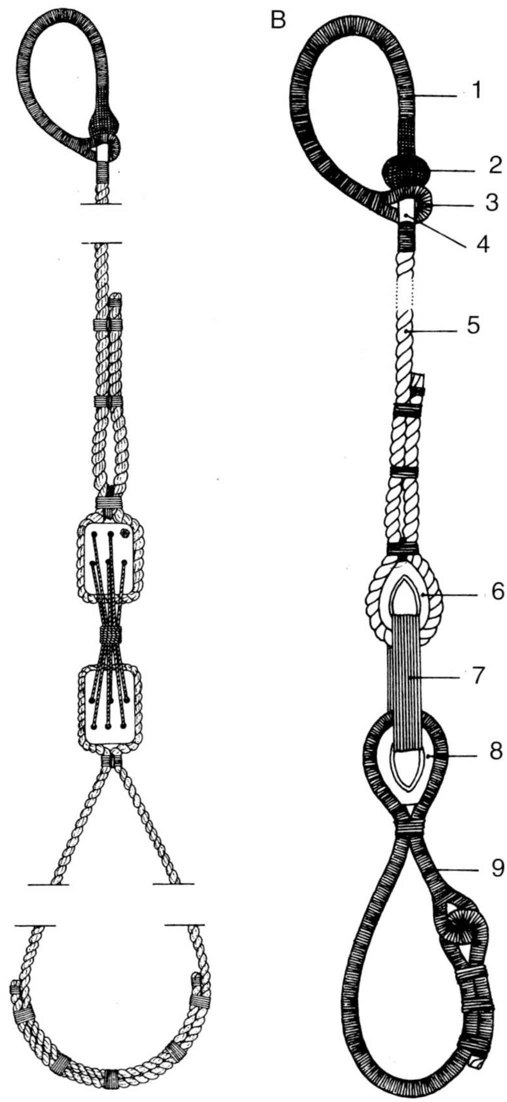

Unterstag mit Stagkragen:
Die Techniken, vor allem für das Vor- und Besanstag, änderten sich zwar im Laufe der Jahrhunderte ein wenig, blieben aber im Prinzip gleich.

A. Stag mit Stagkragen bis etwa 1630.

B. Stag mit Stagkragen bis Mitte 19. Jahrhundert.

1. Stagauge am Topp, stets voll gekleidet, 2. Maus, 3. gezurrtes Auge, 4. Ledermanschette, 5. Stag, 6. oberes Dodshoofd, hier um 1800, aber es konnten hier früher selbstverständlich auch fünflöchrige Jungfern oder mehrscheibige Blöcke eingesetzt werden, 7. Zurring bzw. Taljereep, 8. unteres Dodshoofd, 9. Stagkragen, ab der zweiten Hälfte des 17. Jahrhunderts (vermutlich schon früher) voll gekleidet.

Bis Anfang des 16. Jahrhunderts wurde dazu ein gezurrtes oder gespleißtes (allerdings weniger haltbares) Auge verwendet, bei doppelten Stagen auch ein Augbänsel wie bei den Wanten. Das Stagauge endete etwa unter der Vorderkante der Längssaling.
Diese Technick wurde auch später etwa bei Stenge-, Bram-, Royal-, „falschen" und oberen Borgstagen eingesetzt.

Maus

In der ersten Hälfte des 16. Jahrhunderts ging man dazu über, die Stage (zumindest die unteren an Hauptmast und Stenge) mit einer „Maus" anzusetzen. Am oberen Ende des Stags speißte man dazu ein kleines Auge ein, das gerade so groß war, um das Tau selbst durchzuführen und bildete so eine Schlinge. Damit sich dieses Auge aber nicht zusammenzog, setzte man eine Verdickung auf das Stag, eben die „Maus“.

Modellbau

Die Maus bestand original aus dünnen Tauwerk. Im Modell stellt man sie her, indem man zunächst dünne Wollfäden fest um das Tau wickelt und so die Form der Maus herstellt, die im 16./17. Jahrhundert mehr rundlich, im 18. Jahrhundert eher birnenförmig war. Es ist dabei zweckmäßig die Fäden nicht nur zu wickeln, sondern auch am Stag festzukleben, damit die Maus später nicht verrutschen kann.
Bei Modellen im Maßstab 1:75 und kleiner reicht insgesamt dies völlig.

Weben der Maus

Original legte man an beiden Enden der Maus einen kräftigen Fadenring locker um das Stag und verband diese beiden Ringe rundum in Längsrichtung und zog schließlich den Faden quer dazu, wie etwa beim Strümpfe-Stopfen (eine viele Jahrhunderte alte Kunst, die freilich heute kaum noch jemand beherrscht – aber vielleicht kann Ihnen da ja die Oma auf die Sprünge helfen …), so dass die Fäden jeweils abwechselnd über und unter einem Längsfaden verliefen und so ein dichtes Gittergeflecht bildeten.

Modellbau

Im Maßstab 1:50 kann allenfalls ein Spezialist ein solch originales Ausweben (und dann meist nur mit einer Lupe) erkennen.
Ein paar Längsfäden an den wirklich „dicken“ Mäusen der Unterstage machen sich zweifellos optimal – der Rest bleibt einfach „unsichtbar“ (wenn man nicht gerade ein *Fundi* mit „Fadenzähler“ ist).
Bei Modellen im Maßstab 1:25 und größer sieht das allerdings ganz anders aus: Da muss man sich wohl tatsächlich der Mühe unterziehen, Mäuse original auszuweben!

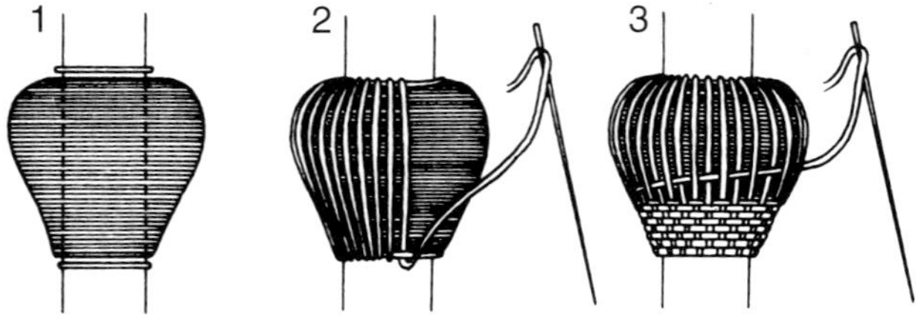

Stagmaus:
1. Form original aus Holz, beim Modell aus Wollfäden, und Ringen, 2. Längsfäden, 3. Ausflechten.

Stagkragen

In ihn waren die jeweils unteren Blöcke, Jungfern und Dodshoofden eingebunden, die dann mit einem Taljereep oder einer Zurring mit den Blöcken, Jungfern oder Dodshoofden am Stag steif gesetzt wurden.

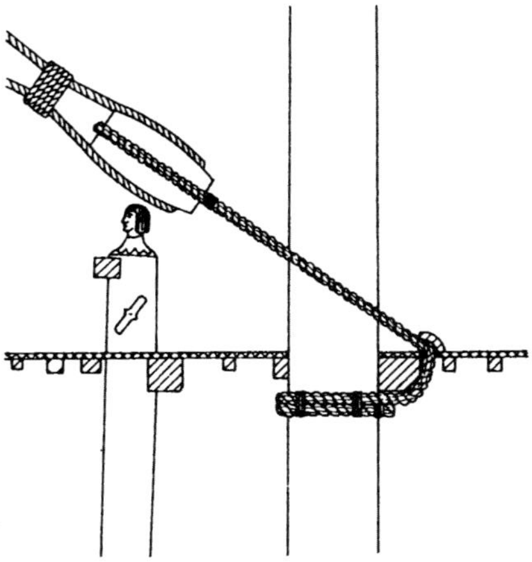

Im 16. und frühen 17. Jahrhundert waren die Bugkastelle vielfach zu hoch, um den Großstagkragen bis zum Bugspriet herunter leiten zu können. So fuhr man den Stagkragen durch entsprechende Öffnungen im Vordeck und befestigte ihn unter Deck am Fuß des Fockmastes.

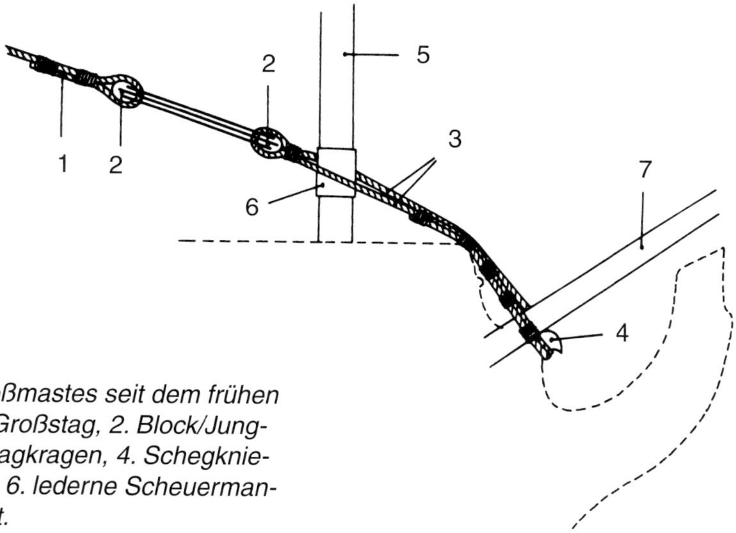

Stagkragen des Großmastes seit dem frühen 17. Jahrhundert: 1. Großstag, 2. Block/Jungfer/Dodshoofd, 3. Stagkragen, 4. Schegkniehaken, 5. Fockmast, 6. lederne Scheuermanschette, 7. Bugspriet.

Der Stagkragen war nach 1630 etwas schwächer im Tauwerk (60 bis 70 % des Stags), dafür allerdings eben doppelt.
Taljereeps wurden wie bei den Wanten am Stag belegt.

Der Großstagkragen war ziemlich lang, da er um den Fockmast herum geführt werden musste. Eingehängt war er in der Regel am Schegkniehaken. Vielfach schützte ihn eine Ledermanschette am Fockmast gegen ein Schamfielen.
Bis in die Mitte des 17. Jahrhunderts wurde, zumal auf Schiffen niederländischer Bauart, der Stagkragen gelegentlich neben dem Fockmast durch Gatten unter Deck geführt und dort um den Fuß des Fockmastes geschlungen, eine Methode, die sich letztlich nicht durchsetzen konnte.

Der kurze Fockstagkragen war in der Mitte bis am vorderen Ende des 2. Drittels des Bugspriets angesetzt und wurde durch entsprechende Klampen am Abrutschen gesichert.

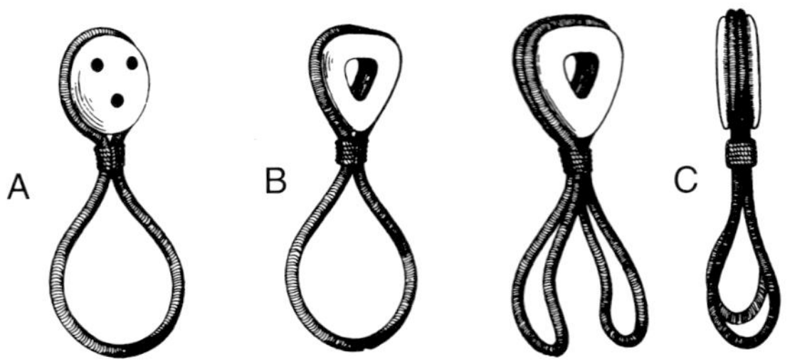

Ansetzen des Vorstagkragens: A. englisch bis 1690, kontinental bis etwa 1720, B. englisch 1690 bis 1735, kontinental bis 1830, C. englisch und kontinental meist bis nach 1840. (Zeichnung von James Lees, Greenwich)

Ansetzen des Vorstagkragens englisch 1690 bis nach 1840, kontinental 1735 bis nach 1840. (Zeichnung von James Lees, Greenwich)

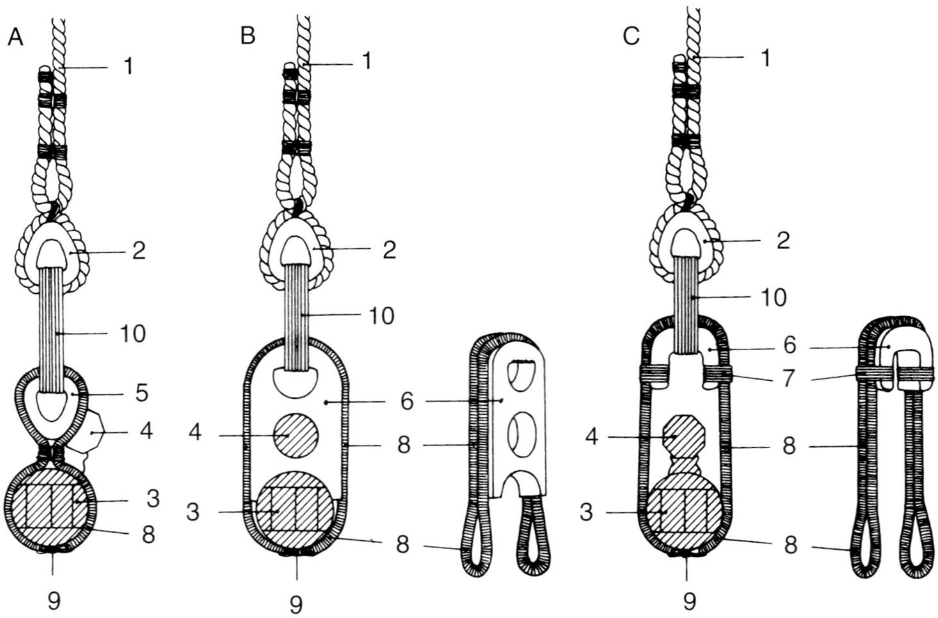

Fockstagkragen:
A. kontinental oft bis 1840, B. englisch bis 1780, C. englisch und kontinental bis nach 1840.
1. Stag, 2. Stag-Dodshoofd, 3. Bugspriet, 4. Klüverbaum, 5. Bugspriet-Dodshoofd, 6. spezielles Bugspriet-Dodshoofd, 7. Dodshoofd-Zurring, 8. Schlinge, 9. Schlingenzurring, 10. Zurring der Dodshoofden.

Eingebunden waren, je nach Stag, dreischeibige Blöcke, drei- bis vierlöchrige Jungfern oder Dodshoofden, welche mit Taljereeps oder Zurrings mit den jeweils oberen Teilen verbunden und im Zweifelsfall am Stag angeschlagen wurden.
Eine besondere untere Dodshoofdenform etwickelte sich nach 1720 in England, als der Küverbaum eingeführt wurde. Diese Dodshoofden saßen auf dem Bugspriet auf; durch das Loch in der Mitte ging der Klüverbaum – sie dienten damit gleichzeitig als Abstandhalter zwischen Bugspriet und Klüverbaum. Das obere Loch diente dem Fockstag als unteres Dodshoofed.
Kontinental folgte man dem Beispiel, mit Ausnahme Frankreichs, eher zögerlich.

Der ebenfalls kurze Besanstagkragen war mit einer Klampe am Großmast gesichert. Entsprechende Jungfern hatten dabei nur drei Löcher, Blöcke meist nur zwei Scheiben.

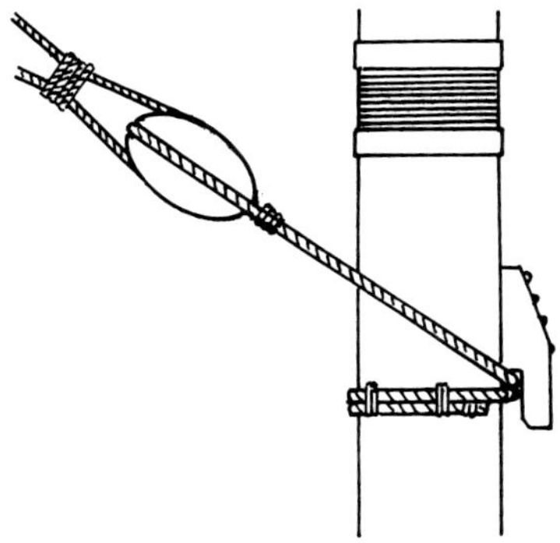

Der Besanstagkragen wurde unter einer Klampe am Großmast angesetzt.

Im späten 17. Jahrhundert setzte es sich allgemein durch den Stagkragen voll zu kleiden.

Ab Mitte des 19. Jahrhunderts verschwand der Stagkragen.
Man befestigte das Stagtau direkt an einer Herz-Kausch, deren Fuß an Deck befestigt war. Vereinzelt spannte man das Stag noch mit einer Zahnstange oder Spannschraube, doch das war nun eher die Ausnahme als die Regel.

Einbinden von Jungfern bzw. Dodshoofden am unteren Stagende. A. englisch bis 1690, kontinental teilweise auch noch bis Mitte des 18. Jahrhunderts, B. englisch 1690 bis 1840, kontinental mehr oder minder rasch gefolgt, C. ab 1840 allgemein üblich. (Zeichnung von James Lees, Greenwich)

Stage

Das Stagauge war seit der zweiten Hälfte des 16. Jahrhunderts voll gekleidet, nie allerdings die Maus, damit man das kunstvolle Flechtwerk sehen konnte. Dort wo das gespleißte Auge des oberen Stagendes an an der Maus saß, war das Tau oft durch eine kurze Ledermanschette gegen Abnutzung gesichert.
Nach 1830 begann die Maus zu verschwinden, man legte nun Stag und Borgstag (s. Folgekapitel) zu einem Spann zusammen und zurrte sie entsprechend unter der Saling. Einzelstage wurden wieder mit gezurrten Augen um den Masttopp gelegt.

Am unteren Ende des Stags war ein schwerer Block, eine oft fünflöchrige Jungfer oder ein massives Dodshoofd eingebunden.
Blöcke, Jungfern und Dodshoofden hatten eine Breite von 90 % des jeweiligen Mast- bzw. Stengedurchmessers.

<u>Allgemein</u>: man verwendete bis etwa 1630 schwere, fünflöchrige (auf sehr großen Schiffen auch sechslöchrige) Blöcke.

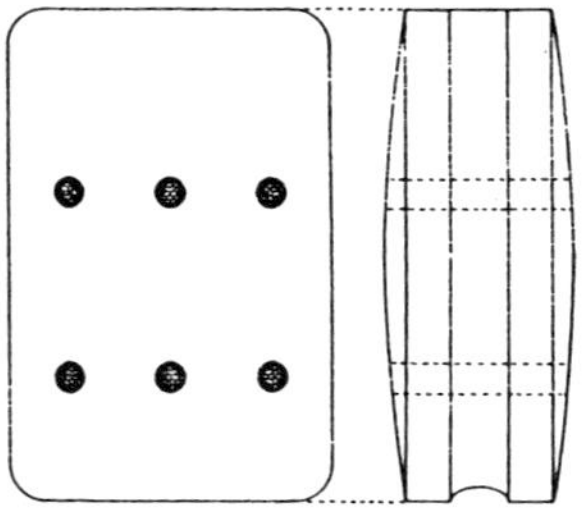

Sechslöchriger Großstagblock der Wasa von 1628. Er war 90 cm hoch, 60 cm breit und 40 cm dick. Bis etwa 1630 wurden Unterstage grundsätzlich mit solchen Blöcken gespannt.

<u>England</u>: zwischen 1630 und etwa 1720 verwendete man fünflöchrige Jungfern, danach bis Mitte des 19. Jahrhunderts durchgehend Dodshoofden.

<u>Kontinental</u>: zwischen 1630 und Mitte des 18. Jahrhunderts verwendete man drei- oder sogar vierscheibige Blöcke, Jungfern kamen nur gelegentlich vor, ehe man ebenfalls zu Dodshoofden überging.

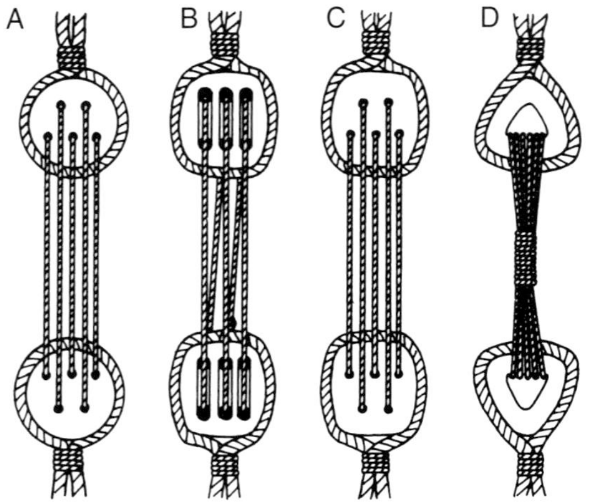

Spannen des Stags: A. Blöcke mit fünf Löchern, B. Jungfern mit fünf Löchern, C. drei- oder vierscheibige Blöcke, D. Dodshoofden.

Allgemein: seit etwa der Mitte des 19. Jahrhunderts wurde das Großstag an der Spitze des Backdecks angesetzt. An Deck diente ein am Deck angebolzter eiserner „Schuh“ als Ansatzpunkt. Es wurden Jungfern, hölzerne Dodshoofden, in der zweiten Jahrhunderthälfte auch eiserne Dodshoofden verwendet. Zahnstangen und einfache Spannschrauben waren eher selten. Doppelte Spannschrauben hingegen wurden erst im 20. Jahrhundert verwendet, sind nun aber auf Sportjachten vielfach nicht mehr wegzudenken.

A

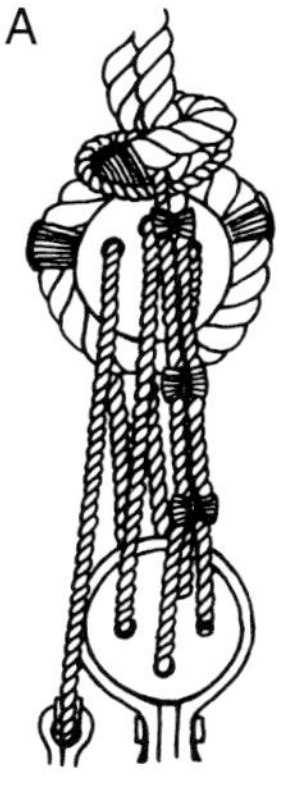

B

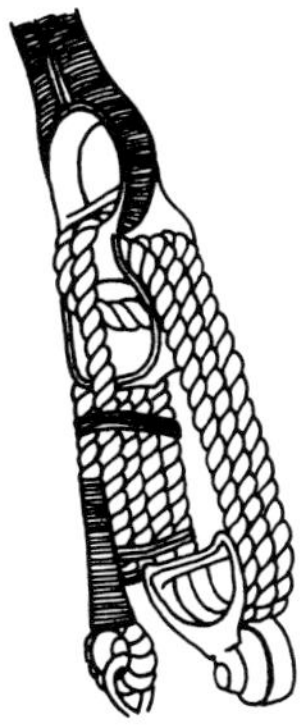

C

Ansetzen des Großstags nach 1850:
A. mit Jungfern, B. mit eisernen Dodshoofden, C. mit Zahnstange.

Die häufigste Methode in der zweiten Hälfte des 19. Jahrhunderts waren freilich (zumal auf Handelsschiffen) „Herzkauschen“, auch wenn das Nachspannen der Stage eine eher mühsame und komplizierte Angelegenheit war, da zunächst die entsprechenden Zurrings gelöst werden mussten – da es sich jedoch inzwischen durchgehend um Stahltaue handelte, war solch ein Nachspannen nur sehr selten erforderlich.

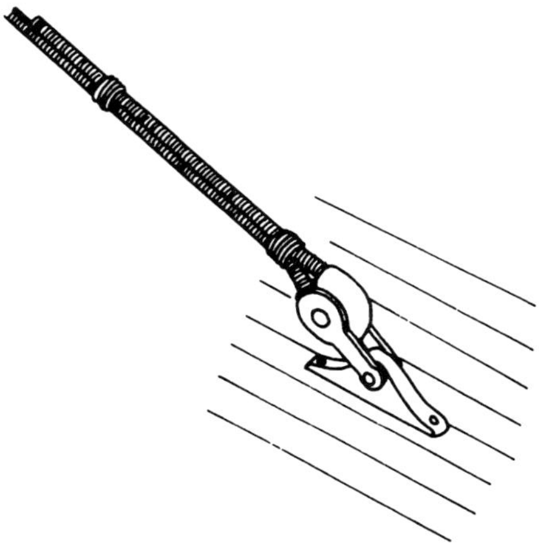

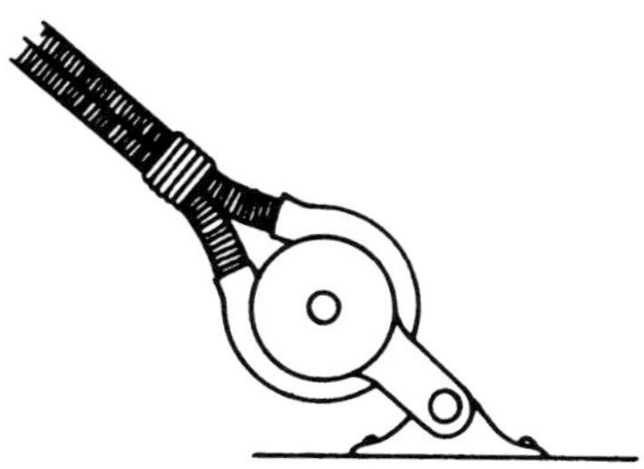

Ansetzen eines Stags nach 1850, vor allem auf Handelsschiffen, mit Herzkausch.

Fockstag

Entsprach dem Großstag und wurde ± in der Mitte des sichtbaren Bugspriets mit Blöcken oder Jungfern angesetzt. Als Dodshoofden aufkamen wurde das Fockstag in der zweiten Hälfte des 18. Jahrhundert englisch (dann auch oft kontinental) mit speziell geformten Dodshoofden angesetzt (s. oben).

Besanstag

Das Besanstag glich weitgehend dem Großstag, nur eben entsprechend schwächer dimensioniert.

Modellbau

Dreischeibige Blöcke und entsprechend dimensionierte Jungfern bekommt man in Fachhandel (z. B. bei AERONAUT-MODELLBAU). Bei letzteren muss man nur noch die zusätzlichen Löcher einbohren.
Vierscheibige Blöcke kann man aus Industriematerial ebenfalls relativ leicht herstellen (s. Bd. 8 TAUE, BLÖCKE UND SEGEL S. 37).
Fünf- oder sechslöchrige Blöcke vor 1630 muss man freilich selber herstellen. Industriell gibt es sie nicht, die Eigenherstellung mach allerdings wohl kaum Schwierigkeiten.
Etwas schwieriger ist die Eigenherstellung entsprechender Dodshoofden, denn auch sie sind in der richtigen Größe kaum im Fachhandel aufzutreiben. Aber ein einigermaßen geübter Modellbauer schafft das schon, zumal es ja nur ganz wenige Stück sind.
Echt „bösartig" sind Zahnstangen (s. S. 83) und auch Herz-Kauschen. Natürlich sollte jemand, der sich für ein Modell nach der Mitte des 19. Jahrhunderts entscheidet, mit einem Hartlötgerät umgehen können. Eine durchaus sinnvolle Hilfe bietet da aber wiederum aeronaut-Modellbau mit seinen Artikeln „Halter für Spannschrauben" und „Takelrolle", die man auch problemlos auf ein Deck nageln kann. Die optisch notwendigen Seitenteil kann man aus schwarzem Karton hinzufügen.

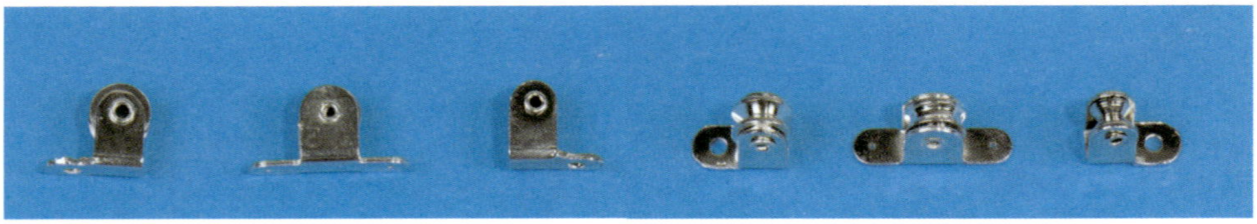

Die „Takelrollen" von AERO-NAUT MODELLBAU sind nahezu optimale „Schuhe" zum Ansetzen von Stagen auf dem Deck. Natürlich waren sie historisch geschwärzt. Historische Kleinigkeiten lassen sich aus schwarzem Karton mühelos anfügen.

Hahnepoten

Um das Unterschlagen der Marssegel unter die Marsen zu vermeiden, wurden

Hahnepoten zwischen den vorderen Rand der Mars und dem Stag gesetzt. Diese bestanden aus einer Anzahl von leichten Tauen (Leinen), die zwischen dem durchbrochenen Rand der Mars und einem, am Stag angesetzten „Spinnkloben“ (s. Bd. 8 TAUE, BLÖCKE UND SEGEL S. 48) gezogen wurden. Der Spinnkloben wurde mit einer einfachen Talje auf das Stag gesetzt.
Hahnepoten wurden vom frühen 17. bis ins frühe 19. Jahrhundert an Groß- und Fockstag immer, häufig auch am Besanstag gefahren. Auch hier scheinen die Niederlande gelegentlich eine Ausnahme zu machen, denn an dem berühmten HOLLÄNDISCHEN ZWEIDECKER von 1660/70 sind noch keine Hahnepoten zu entdecken (s. S. 71, 72, 91).
Ob sie bereits im 16. Jahrhundert verwendet wurden, ist ungeklärt, seit 1580 doch durchaus denkbar. In diesem Fall könnten sogar Hahnepoten an Stengestagen vorgekommen sein.
Im 17. Jahrhundert waren die Hahnepoten in der Regel noch relativ kurz, wurden aber im 18. Jahrhundert erheblich länger. Exakte Auskunft kann Ihnen da wieder einmal nur ein optimaler Plan geben.

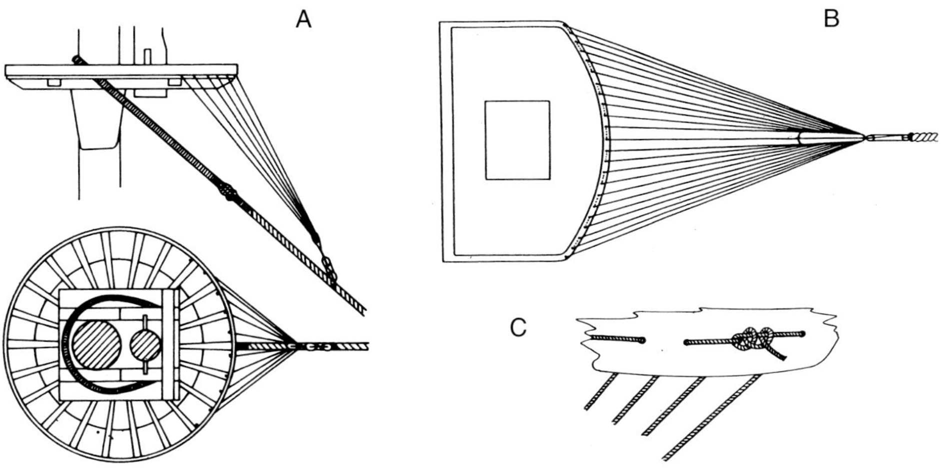

Hahnepoten: A. kurze Hahnepoten bis etwa 1700. Zunehmend längere Hahnepoten bis etwa 1750. B. lange Hahnepoten nach 1750. C. Verzurren des letzten gesetzten Hahnepots am Marsrand.
(Die Zeichnungen rechts von James Lees, Greenwich)
Achtung: Die Hahnepoten waren stets aus einem einzigen Tau gewebt.

Modellbau

Modellbaufirmen scheinen vielfach Hahnepoten zu scheuen wie der Teufel das Weihwasser, zumindest sucht man bei zahllosen Baukastenmodellen, auch durchaus guter und renommierter Firmen, nach ihnen vergeblich.
Weshalb eigentlich? So kompliziert und tückisch sind sie nun wahrlich nicht – ernsthafte Modellbauer sind da durchaus Schlimmeres gewohnt!

Stengestage

Die Stage der Untermasten waren eine stabile und solide Angelegenheit, die keine Extravaganzen zuließen.
Die Stengestage, welche die Stengen nach vorne abstützten, waren nicht weniger solid, wenn auch aus dünnerem Tauwerk gefertigt.
Am Stengetopp waren sie mit einer gekleideten Schlaufe, bis Anfang des 19. Jahrhunderts mit Maus, angesetzt. Wie freilich ihr unteres Ende angesetzt und steif gesetzt wurde, das unterlag zeitlich und national so zahlreichen Möglichkeiten und Varianten, dass es den Rahmen dieses Buches eindeutig sprengen würde, sie alle genau zu beschreiben – eine gewisse Kostprobe zum Thema s. beispielhaft im Unterkapitel Fockstengestage. Nach 1750 kam man zwar zu einer gewissen Vereinheitlichung, doch die Betonung muss immer noch auf dem Wort „gewissen" liegen.
Hier hilft, nicht zum ersten und nicht zum letzten Mal, nur ein wirklich erstklassiger Plan (der gewiss kein Baukastenplan sein wird!) und eigenen zusätzlichen Recherchen in der Fachliteratur und an original getakelten Modellen!

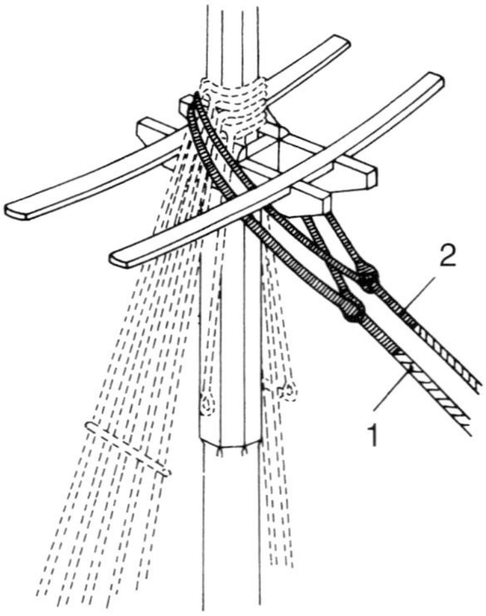

Stengestag:
1. Stengestag (Maus steuerbord), 2. Stengeborgstag (Maus backbord).
In aller Regel wurden Borgstage unter dem eigentlichen Stag gefahren. Jean Boudriot (er ist ***der*** *Kenner französischer Schiffe des 18. Jahrhunderts) zeichnet sie jedoch über dem Stag ein. Solche Ausnahmen mag es zweifellos gegeben haben, die Regel waren sie wohl nicht.*
(Zeichnung nach Jean Boudriot, Grenoble/Paris)

Großstengestag

Wie die Stage der Untermasten wurden das Stengestag mit einer durch eine Maus gesicherten Schlinge oder im 19. Jahrhundert mit einem gezurrtem Auge um den Stengetopp gelegt.
Das Großstengestag fuhr dann durch einen Leitblock, der knapp unterhalb der Fockmars oder auch am Focktopp angestroppt war, weiter hinunter an Deck, wo es in einer Blockkombination, die am Fockmastfuss in einem Ringbolzen eingehakt war, endete.

Neben Fock- und Großmast kamen eine ganze Reihe von Tauen herunter, die dann mit Haken an Mastfuss bzw. an Deck eingehängten Fussblöcken steif gesetzt wurden. Beispiel das untere Ende des Großmastes auf der W*ASA* *von 1628. (Modell von Wolfram zu Mondfeld, Hohenfurch, im Deutschen Technikmuseum, Berlin)*

Fockstengestag (Vorstengestag)

Bis zur Einführung des Klüverbaum um 1720 wurde das Vorstengestag mit einem mehr oder weniger komplizierten Takel am Bugspriet angesetzt.
Für das Ansetzen des Vorstengestags gab es lange Zeit keine Regel, weder zeitlich noch national noch typenmäßig, denn auch auf Schiffen gleicher Größe, gleicher Herkunft und gleichen Baujahres wurden die verschiedensten Formen verwendet. Die laufende Part (so vorhanden) wurde an einer Klampe am Bugspriet, seltener an einem Nagel des vorderen Schanzkleides belegt.
Die gezeichnete Sammlung an Formen, das Vorstengestag anzusetzen, erhebt keinen Anspruch auf Vollständigkeit. Sie soll nur gewisse Tendenzen zeigen und Ihnen die Möglichkeit geben abzuschätzen, ob das, was Ihr Plan zeigt, stimmen kann oder nicht. Durch die große Vielfalt lassen sich nämlich manche Planzeichner dazu verleiten, eben irgendeine Variante zu zeichnen. Wenn ich aber z. B. bei einem Schiff von 1630 einen Violinblock am Vorstengestag sehe, so kommen mir berechtigte Zweifel. Denn Violinblöcke sind hier erst ab 1660 belegt (man mag sie noch für 1650 akzeptieren); tauchen sie jedoch auf einem

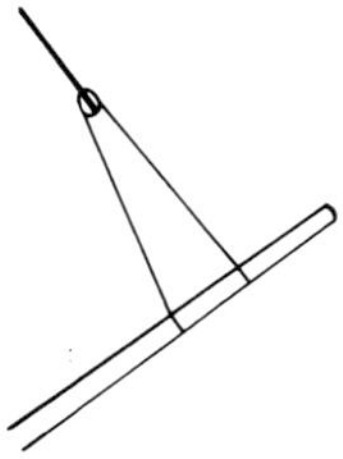

spanisch 1520/40, holländisch 1600

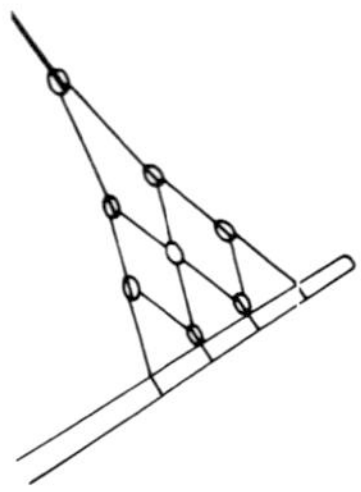

spanisch 1510/30, englisch 1520/40

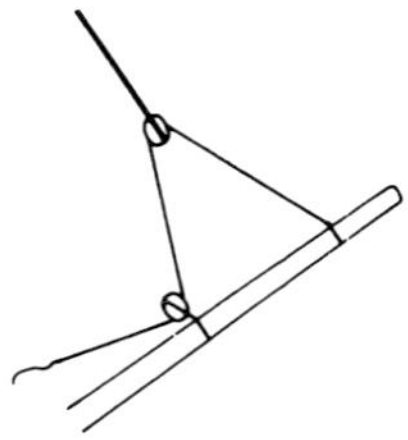

portugiesisch 1520, englisch 1580

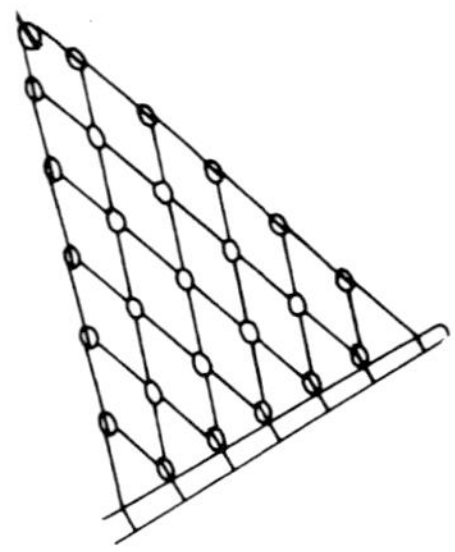

englisch 1520

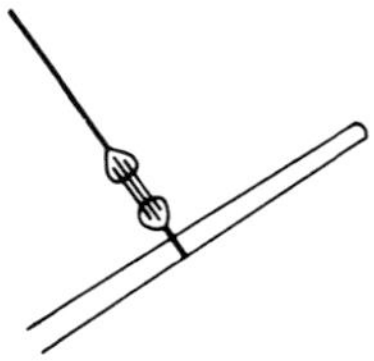

spanisch 1520, englisch 1540/80

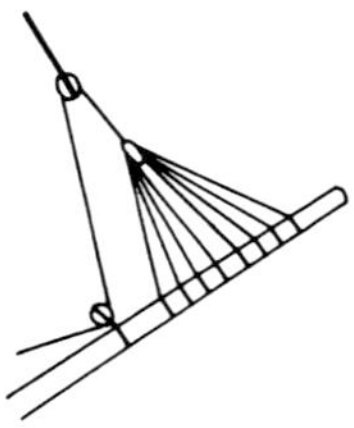

spanisch 1540/80, holländisch 1600

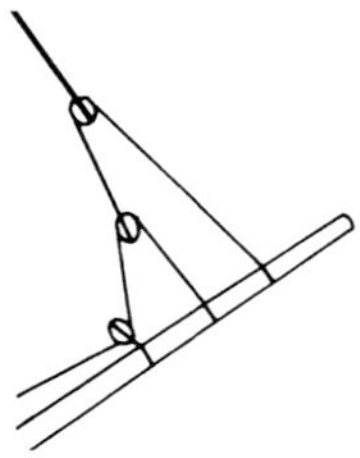

schwedisch 1550, englisch 1580/1600

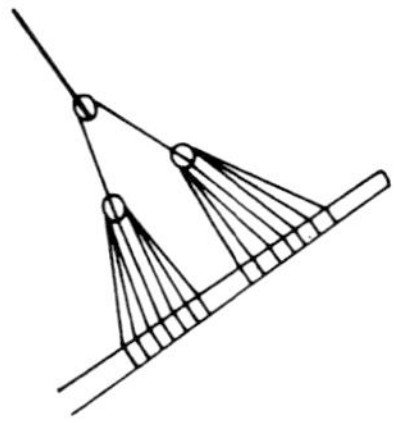

englisch 1580/90

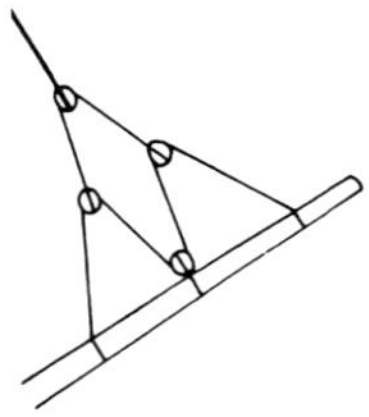

englisch 1580/90

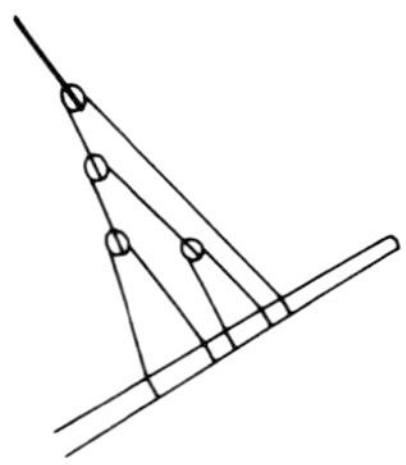

spanisch 1590

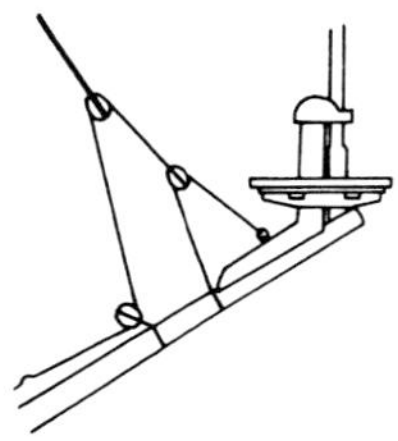

genuesisch, spanisch 1660/90

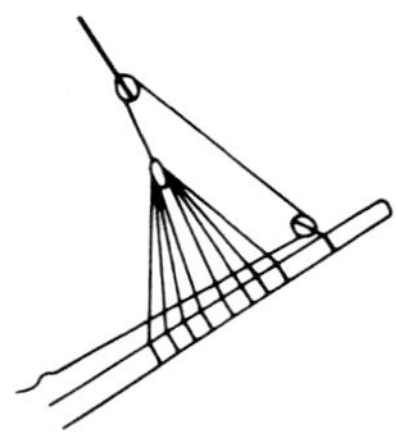

venezianisch, spanisch 1620/40

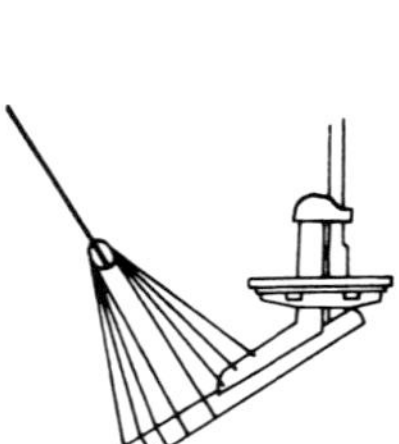

holländisch, schwedisch 1610/40

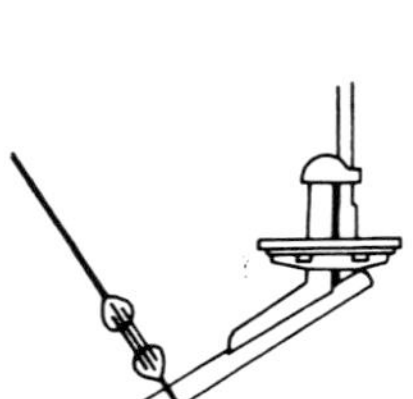

neapolitanisch, spanisch 1640

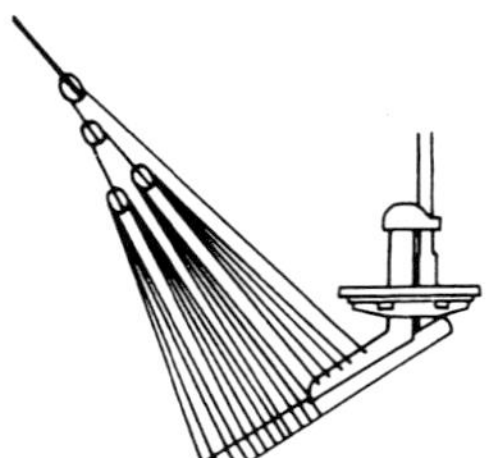

holländisch, französisch 1640

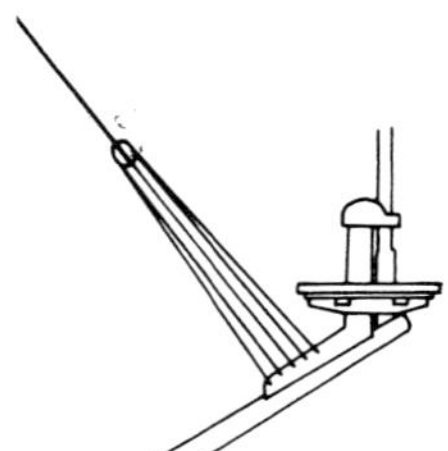

französisch, genuesisch 1630/40

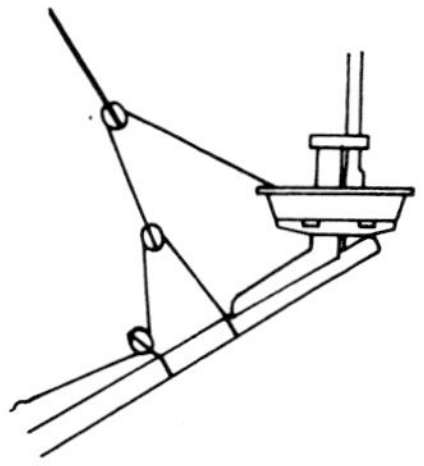

englisch 1630/40

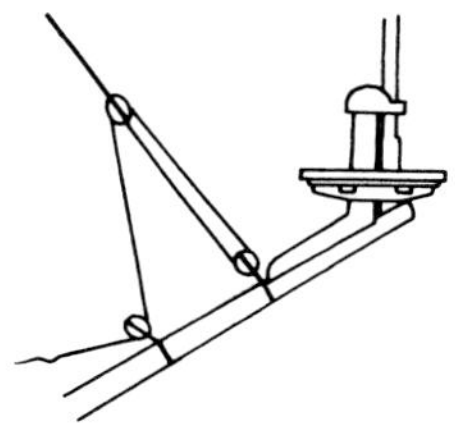

holländisch, deutsch 1660/70

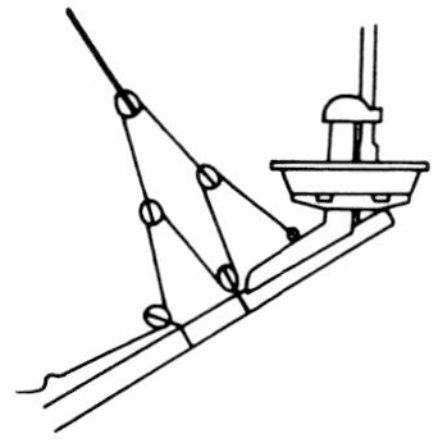

dänisch 1650

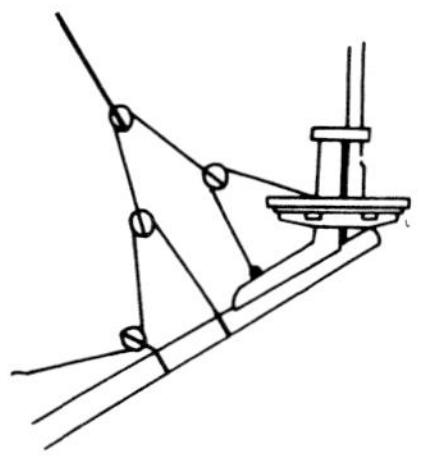

englisch 1650/60

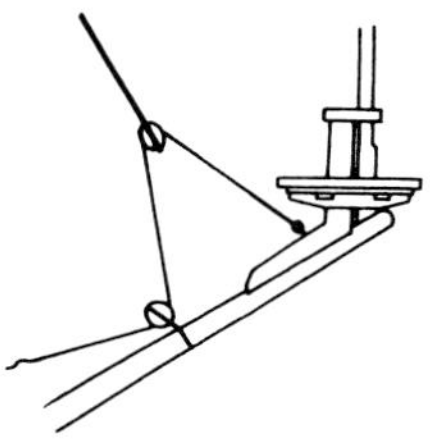

englisch 1660/70

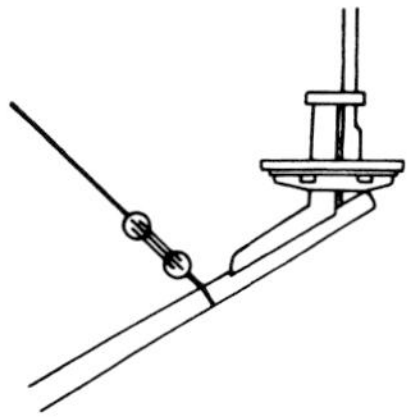

englisch 1670/8

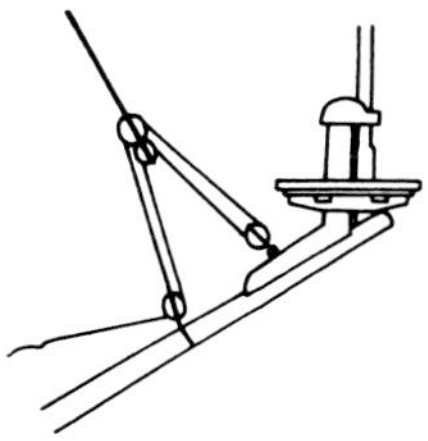

holländisch 1670, deutsch 1670/80

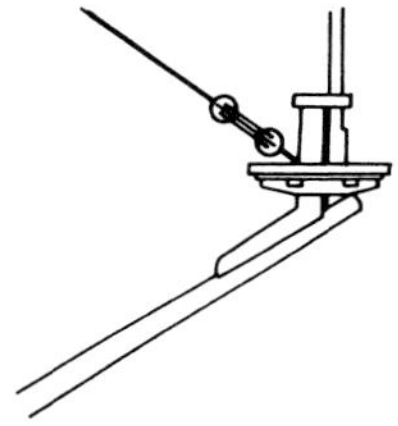

englisch 1670/80

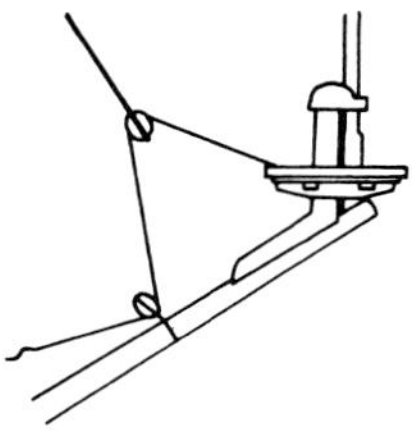

französisch, spanisch 1690/1720

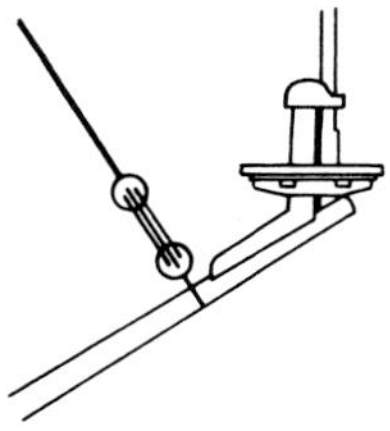

französisch, spanisch 1690/1720

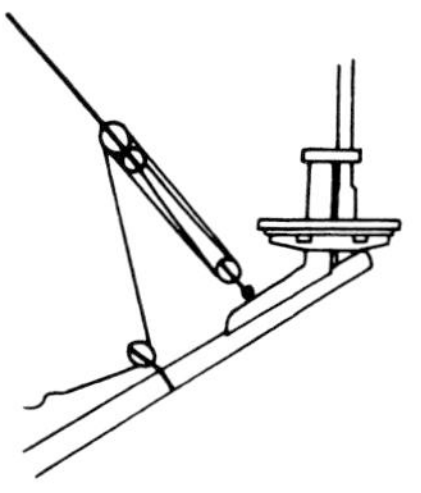

englisch 1690/1710

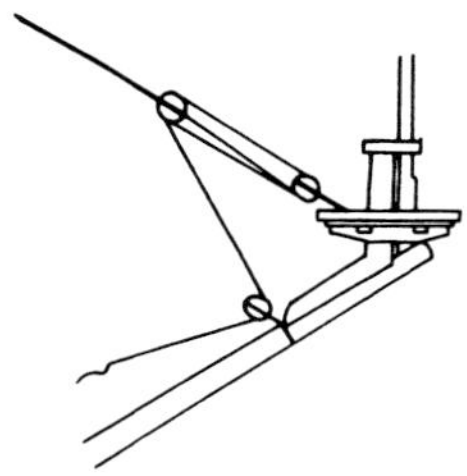

englisch 1700/20

Beispiele – keineswegs vollständig! – für das Ansetzen des Vorstengestags zwischen 1520 und 1720.

Plan für ein noch älteres Schiff auf, dann kann man das einfach wohl nicht stimmen!
Sollten Sie Zweifel an der Richtigkeit Ihres Planes in diesem Punkt haben und kann auch ein *original* getakeltes Museumsmodell den gewünschten Aufschluss geben, so halten Sie sich lieber an die in diesem Band gezeigten Formen (auch wenn ich ebenfalls nicht für jedes Schiff eine Garantie für Richtigkeit zu geben wage). Generell sei freilich gesagt: je jünger, desto meist einfacher und *per se* logischer!

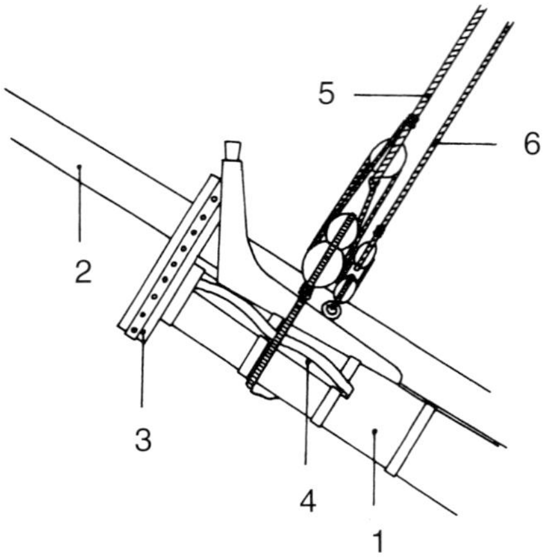

Das Vorstengestag wurde zwischen etwa 1720 und 1750 an einer Violine am Bugspriet unmittelbar hinter dem Bugsprieteselshaupt angesetzt.
1. Bugspriet, 2. Klüverbaum, 3. Eselshaupt, 4. Violine noch ohne Löcher, 5. Vorstengestag, 6. Vorstengeborgstag.

Wesentlich vereinfacht wurde die Führung des Vorstengestags mit der Einführung der „Violine" Mitte des 18. Jahrhunderts.
Zunächst wurde der entsprechende Stagkragen in der Mitte der Violine befestigt. Sehr schnell wurde das Vorstag jedoch durch ein Gatt in der Violine (üblicherweise steuerbord vorne) geschoren und mit Blockkombinationen am unteren Ende des Bugspriets steif gesetzt, die laufende Part an einer Klampe am Bugspriet belegt.

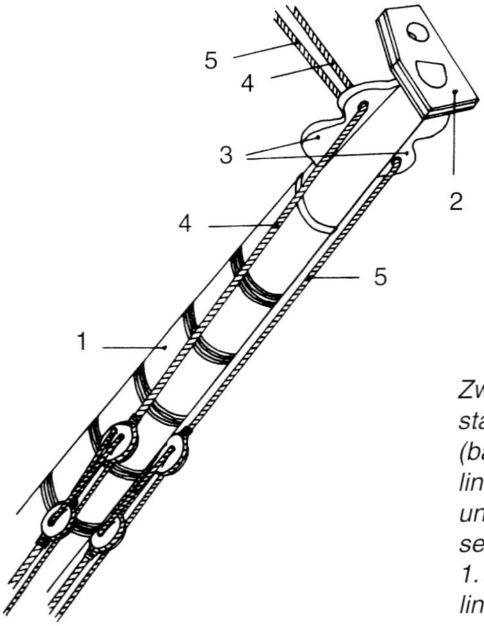

Zwischen 1750 und 1830 wurden Vorstengestag (steuerbord) und Vorstengeborgstag (backbord) zunächst durch Löcher in der Violine geführt und dann am Bugspriet/Vorschiff unmittelbar neben dem Bugspriet steif gesetzt.
1. Bugspriet, 2. Bugsprieteselshaupt, 3. Violine, 4. Vorstengestag, 5. Vorstengeborgstag.

Mitte des 18. Jahrhunderts wurden Vorstenge- und Vorstengeborgstag steuerbord und backbord neben dem Vorsteven an der Bordwand mit einer Blockkombination festgemacht.

Besanstengestag

Zunächst wurde das Besanstengestag knapp unter der Großsaling durch einen Leitblock geführt und wurde an Deck mit einem entsprechenden Tauzug steif gesetzt.

Im späten 17. Jahrhundert setzte sich vielfach die Gewohnheit durch, das Besanstengestag im oberen Drittel zu teilen und die Enden der Talje (ca. $^2/_3$ des eigentlichen Stags) zu den letzten Großwanten zu führen, wo sie mit verschiedensten Tauzügen angesetzt waren. So der wirkliche „Brüller“ war das wohl nicht – da wurde zwar das letzte Wantpaar gnadenlos noch hinten gezogen, aber ohne der Besanstenge wirklich besseren Halt zu geben. So kehrte man alsbald zu früheren, am Großmast angesetzten, Formen zurück.

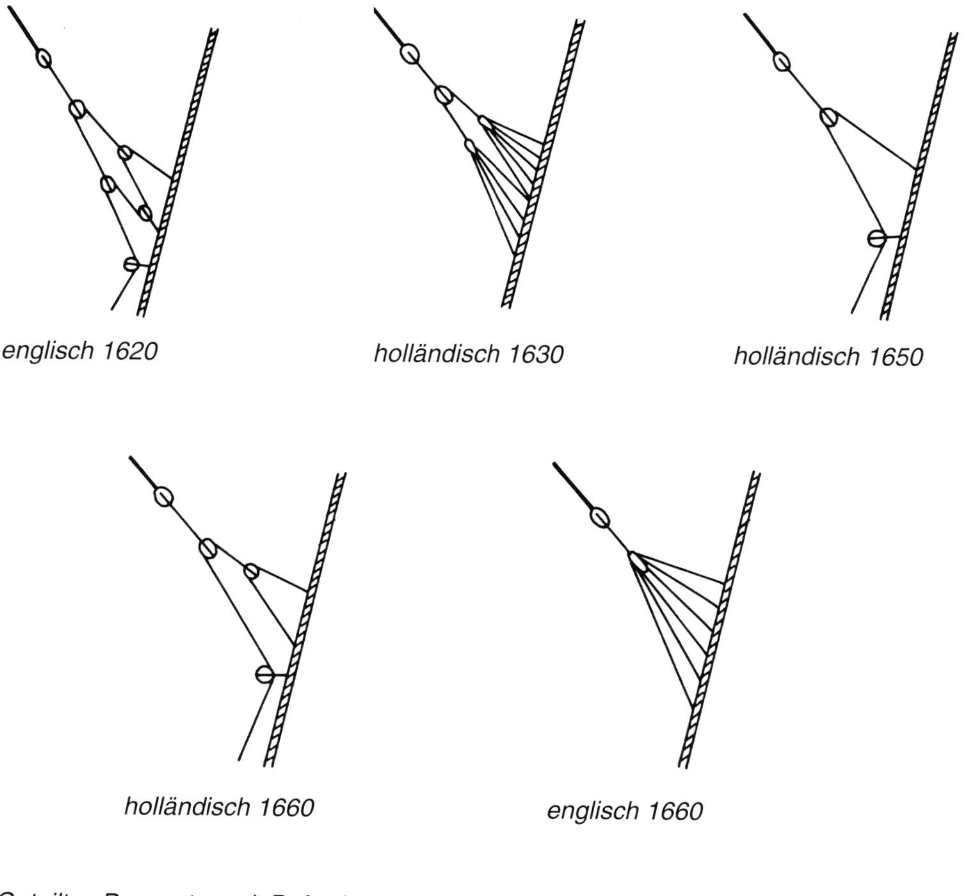

Geteiltes Besanstag mit Befestigung an den hintersten Großwanten.

Bram- und Royalstage

Wie nach hinten mit Pardunen, so wurden Bram- und Royal-, manchmal auch Flaggstengen nach vorne von entsprechenden Stagen gehalten.
Diese Stage waren freilich oben nicht mehr mit einer Maus am Topp angesetzt, sondern gewöhnlich nur mit einem gezurrtem bzw. gespleißtem Auge. Sie waren in der Regel auch nicht mehr gewurmt.
Ausnahme waren die Bramstage an Groß- und Fockmast sehr großer Schiffe, die vielfach noch mit Würmern und Mäusen versehen waren.
Bramstage waren vielfach rechts geschlagen, Royalstage immer. Gekleidet waren sie nicht – natürlich außer Stahltauen nach der Mitte des 19. Jahrhunderts – sondern lediglich am Topp und jenen Stellen, wo sie durch irgendwelche Blöcke oder Scheibgatts geschoren wurden.
Wo und wie ihr unteres Ende angesetzt wurde, veränderte sich freilich im Lauf der Jahrhunderte oft recht drastisch.

Der englische Dreidecker (Linienschiff 1. Ranges) NASEBY von 1655. Gebaut unter Lordprotector Oliver Cromwell brachte sie, in ROYAL CHARLES umbenannt, 1660 den legitimen König Charles II. zurück nach England.
(Exakt aufgetakeltes Admiralty-Model im National Maritime Museum, Greewich)

Ansetzen von Bram- und Royalstagen am Topp. Auf großen Schiffen wurde das Bramstag mitunter noch mit Maus angesetzt. In der Regel wurden diese Stage jedoch nur noch mit einem gezurrten Auge angesetzt.
1. einfaches Stag,
2. doppeltes Stag.
(Zeichnung links nach Jean Boudriot, Grenoble/Paris)

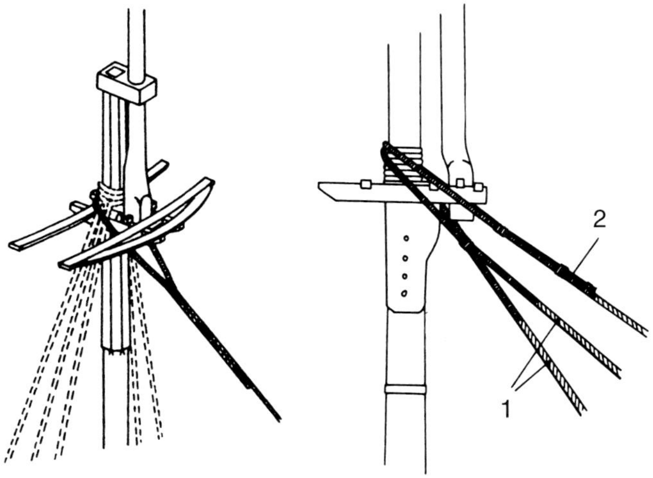

Spanische Handelsbrigg VENUS, *von Don Pedro Sust konstruiert und 1848 in Barcelona von Stapel gelaufen. Als kleiner aber exzellenter Segler war sie nicht nur im Mittelmeer, sondern auch nach der amerikanischen Ostküste und Kuba unterwegs. (Baukastenmodell mit optimalem Stehenden Gut der Firma* COREL, *Mailand)*

Großbram-und Großroyalstag

Das Großbramstag ging vom Bramtopp aus, fuhr durch einen Leitblock an der Fockstengesaling und wurde in der Regel in der Fockmars oder auch an Deck belegt.
Nach 1800 wurde der Leitblock verschiedentlich nicht an der Fockstengesaling, sondern am Fockstengeeselshaupt angechlagen.
Das Großroyalstag ging vom Royaltopp aus, wurde durch einen Leitblock an der Fockbramsaling geschoren und in der Fockmars belegt.

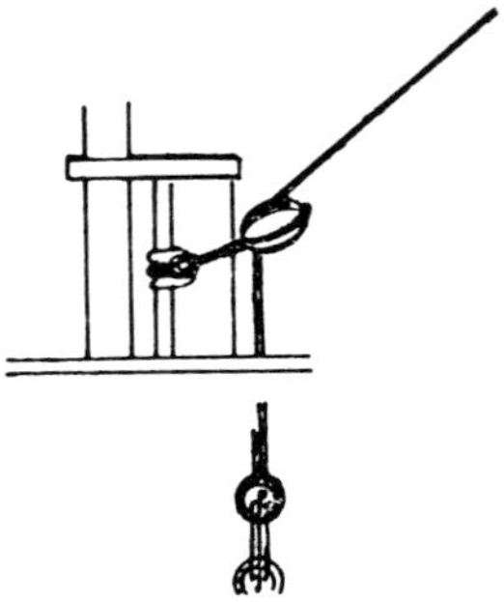

Großbramstengestag mit Grummet (Masttopppolsterung), englisch spätes 17. und 18. Jahrhundert.

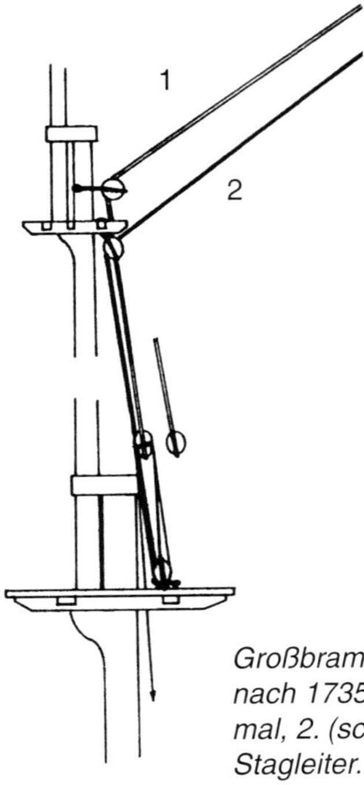

Großbramstag, englisch nach 1735. 1. (hell) normal, 2. (schwarz) mit Stagleiter.

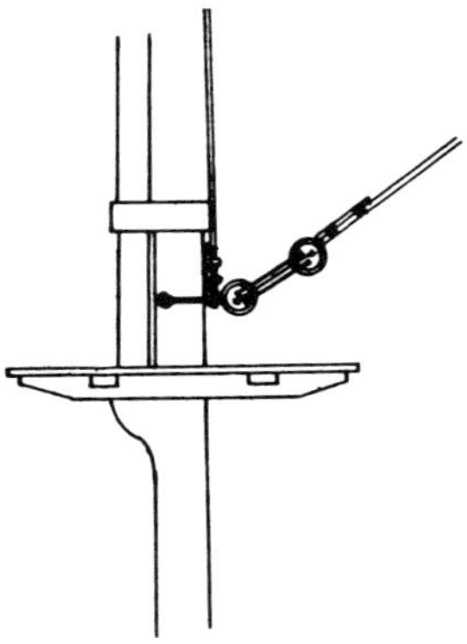

Großbramstag, englisch um 1735.

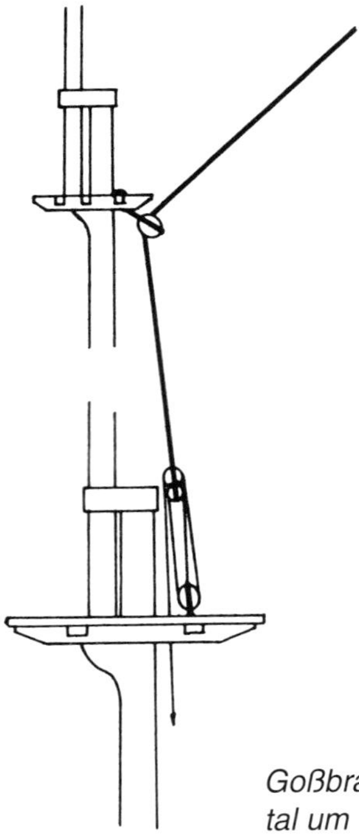

Goßbramstag, kontinental um 1740.

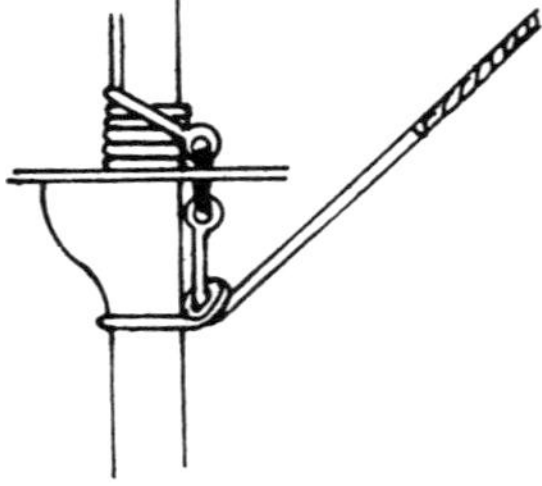

Großbramborgstag, englisch nach 1800.

(Zeichnungen S. 148 bis 150 von Karl Heinz Marquardt, Mountrose, Victoria AUS)

Besanbram- und Besanroyalstag

Besanstage wurden analog gefahren, nur dass Leitblöcke etc. eben eine Stufe tiefer saßen.

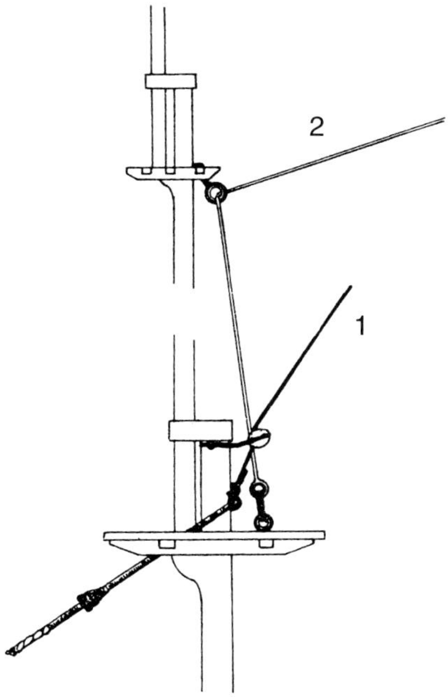

Besanstag, englisch. 1. (schwarz) bis 1780, 2. (hell) nach 1780.

Fockbram- und Fockroyalstag

Im 16. Jahrhunderts wurde das Fockbramstag am Bramtopp angesetzt und führte dann zur Spitze des Bugspriets, wo es durch einen Block geschoren oder auch mit einem Hahnepot angesetzt wurde.
Erstmals änderte sich diese Bild grundlegend mit mit der Einführung des Sprietmastes Anfang des 17. Jahrhunders:

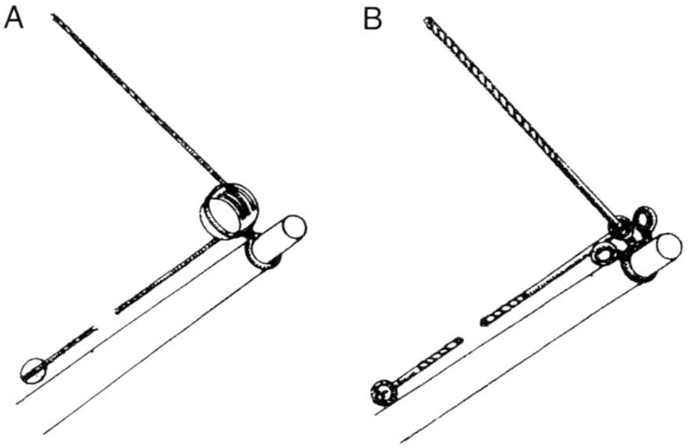

Vorbram- bzw. Vorroyalstag: A. Bis Mitte des 17. Jahrhunderts allgemein (später auf kleineren Schiffen). B. nach der Mitte des 18. Jahrhunderts. Gewöhnlich wurden diese Stage aber durch ein entsprechendes Scheibgatt im Klüver bzw. Klüverbaum gefahren.

Im 17. Jahrhundert ging das Fockbramstag selbstverständlich ebenfalls vom Bramtopp aus und wurde bis 1720 durch einen Leitblock an die Sprietsaling gefahren und in der Sprietmars belegt.
Eine andere Variante war das Fockbramstag durch einen Block am Eselshaupt des Sprietknies zu einem Block zu führen, durch den ein an den Jungfern angeschlagenes Tau nach beiden Seiten führte.
Das Fockroyalstag ging vom Royaltopp aus und wurde bis 1720 stets durch einen Leitblock an die Sprietsaling geschoren und in der Sprietmars belegt.

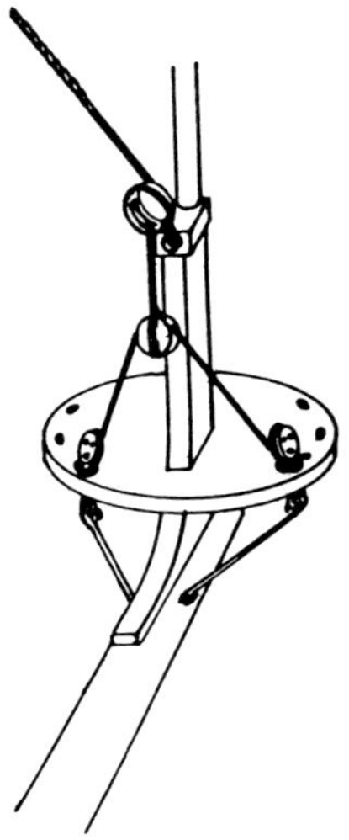

In der Zeit als ein Sprietmast gefahren wurde (Anfang des 17. Jahrhunderts bis etwa 1720) leitete man das Bramstag gerne durch einen am Sprieteselshaupt angesetzen Block, teilte darunter das Tau mit einem einfachen Block und befestigte die Taljen an den entsprechenden Jungfern.
Durch die zweite Scheibe dieses Blocks wurde das Royalstag gefahren und direkt am Fuß des Bugsprietknies belegt.

Mit der Einführung des Klüverbaums im frühen 18. Jahrhundert änderte sich das Bild erneut:
Das Fockbramstag wurde nun bis zur Spitze des Klüverbaums geführt, dort durch ein Scheibgatt geschoren und zu einem Taljenzug, der in der Regel am Bugsprieteselshaupt angesetzt war, geführt, während das Fockroyalstag nach wie vor zur durch einen Block an der Saling des Sprietmastes geführt wurde und in der Strietmastmars steif gesetzt wurde.

Als um 1720 der Sprietmast verschwand, änderte sich nochmals das Bild:
Das Fockroyalstag wurde nun ebenfalls über die Spitze des Klüverbaums bzw. Außenklüverbaums geführt, meist durch eine dort angeschlagene Kausch, und ebenfalls am Bugsprieteselshaupt mit einem Taljezug steif gesetzt.
Nach 1750 wurde das Fockbramstag, zumal auf kleineren Schiffen, gerne zunächst durch einen Vorstagkragen geführt. Dieser bestand zunächst aus Tauwerk, wurde aber bald aus Eisen gefertigt und verfügte meist noch über seitliche Blöcke, durch die man weitere Taue des Vorgeschirrs führen konnte. Das Fockbramstag wurde, wie eben beschrieben, weiter durch ein Scheibgatt zum Bugsprieteselshaupt geleiten.
Nach 1750 wurde es üblich diese Stage von den Rollen in Klüver- und Außenklüverbaum weiter über den Stampfstock bis zur Bordwand zu leiten, wo sie mit entsprechenden Tauzügen angesetzt waren.

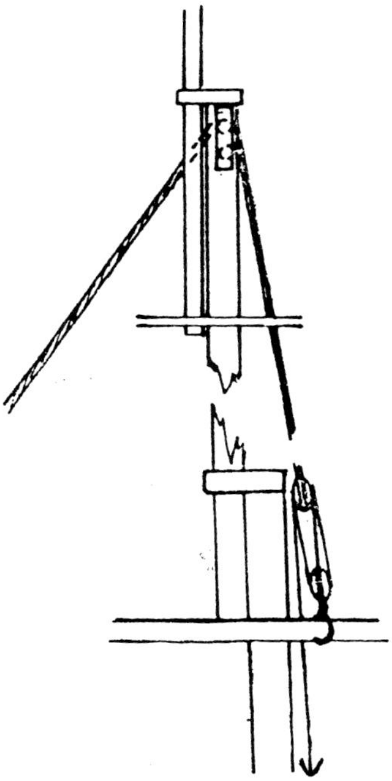

Verlauf eines Klüverstags über einen Stengewangen-block, englisch nach 1750.
(Zeichnungen von Karl Heinz Marquardt, Mountrose, Victoria AUS)

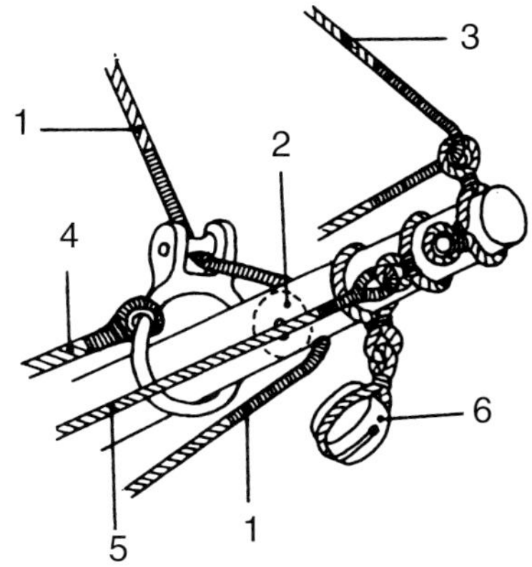

Bram- und Royalstag nach 1750:
1. Bramstag, 2. Scheibgatt, 3. Royalstag,
4. Binnenklüvergei, 5. Außenklüvergei,
6. Stampfstag.
Diese Technik wurde vor allem auch bei kleineren Schiffen noch im 19. und frühen 20. Jahrhundert verwendet.

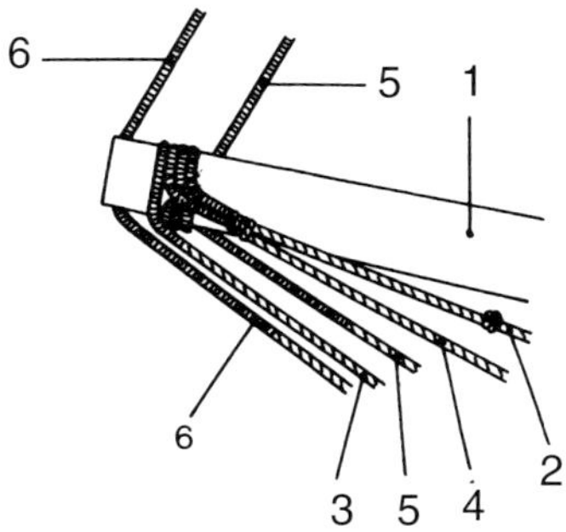

1. Klüver-Außenklüverbaum, 2. Laufstag, 3. Klüver-Außenklüverstampfstag, 4. Klüver-Außenklüver-geien, 5. Bramstag und 6. Royalstag über den Stampfstock geführt.

Mittelstag

Es diente weniger der Stabilisierung des Mastes/Stenge, als jener des Klüverbaums.
Es ging vom Topp des Fockstengestag aus und griff zunächst etwa mittig am Klüverbaum an. Als ein Außenklüverbaum hinzu kam, griff es am Eselshaupt des Klüverbaums an, wo es über Blöcke oder ein Scheibgatt geführt wurde und am Bugsprieteselshaut mit einem Taljenzug steif gesetzt wurde.

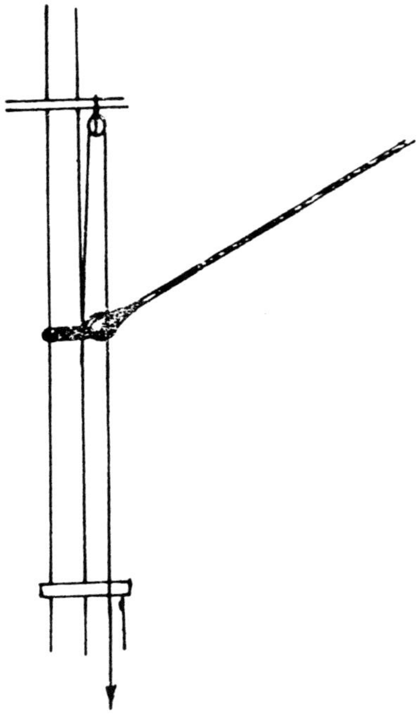

Großmittelstag mit Grummet, englisch um 1775. (Zeichnungen von Karl Heinz Marquardt, Mountrose, Victoria AUS)

Flaggstag

Vereinzelt, im 19. Jahrhundert auch öfter, tauchen Flaggstage auf. Sie waren am Flaggmast etwa mittig angesetzt und verliefen weiter wie die Royalstage.

Modellbau

Das Setzen dieser Stage und ihr Aussehen ist relativ simpel. Wo und wie sie aber von Fall zu Fall gesetzt wurden, das kann Ihnen wahrlich nur ein optimaler Plan verraten! Die beigefügten Zeichnungen sind keineswegs vollständig, sie sollen Ihnen nur ein Bild vermitteln, was da so alles möglich war.
Als Modellbauer setzt man vernünftigerweise zunächst die Oberstage zwischen Groß- und Fockmast wegen des Zugausgleichs. Dann folgen die entsprechenden Besanstage (am Modell eher unwirksam) und die jeweiligen Stage am Fockmast, bei welchen wiederum der Zugausgleich beachtet werden muss.

Falsche Stage und Borgstage

Seit Mitte des 17. Jahrhunderts wurde es üblich unter den Unter- und Stengestagen sogenannte „falsche“ Stage zu führen, um Stagsegel anschlagen zu können.
Die Idee war so gut und erfolgreich, dass im 18. Jahrhundert aus ihnen die „Borgstage“ wurden.
„Falsche“ Stage waren oft nur halb so dick wie das originale Stag. Für Bogstage setzte sich ein Maß von $^{2}/_{3}$ des jeweiligen Originalstags durch.

Falsche Stage

Als man Mitte des 17. Jahrhunderts Stagsegel zunächst auf größeren Schiffen einzuführen begann, setzte man sie – mit Ausnahme am Besanmast – an „falsche“ Stage. Bei diesen wurde eben nicht ein Aufziehen oder Bergen von Stagsegel durch am Stag angeschlagene Blöcke behindert.
Diese falschen Stage liefen unter dem richtigen Stag, und zwar an Vorstenge

Falsche Stage im 17. Jahrhundert:
Während die echten Stage deutlich sichtbar mit Blöcken besetzt von Tauen des laufenden Gutes nach oben gezogen werden, sind darunter die falschen Stage für die Stagsegel angeschlagen. Das Großstagsegel ist mit einer Reihleine angeschlagen, während das Großstengestagsegel noch ohne eine solche gefahren wird.
(Foto von Wolf Dietrich Wagner in DER HOLLÄNDISCHE ZWEIDECKER VON 1660/1670)

stag, Großstag und Großstengestag. Das falsche Stag wurde oben mit einem gespleißten Auge unterhalb der Maus am Stag festgelascht und an seinem unteren Ende mit Blöcken oder Jungfern am Großstagkragen, in der Fockmars oder am Bugspriet festgemacht.
Falsche Stage waren nie gekleidet. Im Gegensatz zu den eigentlichen Stagen waren sie stets *rechts* geschlagen.

Modellbau

Die falschen Stage müssen nur dann angebracht werden, wenn man auch die Stagsegel setzen will, denn wenn die Stagsegel geborgen wurden, schlug man gewöhnlich auch die falschen Stage ab.

Borgstage

In der ersten Hälfte des 18. Jahrhunderts verschwanden die falschen Stage und wurden in generell fest eingebaute Borgstage verwandelt.
Borgstage waren $^{2}/_{3}$ der jeweiligen Originalstage stark. Sie wurden gewöhnlich *unter* diesen angesetzt, glichen diesen jedoch ansonsten exakt, mit dem wesentlichen Unterschied, dass sie stets *rechts* geschlagen waren.

Eine englische Fregatte um 1790. Optimal zu erkennen das Stehende Gut mit allen Pardunen und Stagen und Borgstagen, erstere sogar am Flaggstock. (Modell im Science Museum, London)

Borgstage wurden im 18. Jahrhundert grundsätzlich bei Groß- und Fockstag, Groß- und Fockstengestag gefahren, oft auch am Vorbramstag gefahren. Weitere Borgstage unter höher gelegenen Stagen waren im 19. Jahrhundert möglich.
Häufige Ausnahme bis ins späte 18. Jahrhundert (mitunter sogar 19. Jahrhundert) war das Besanborgstag, das oft über dem eigentlichen Stag gefahren wurde und dann stets an den letzten Großwanten mit Hahnepoten angesetzt wurde.
Ab Mitte des 19. Jahrhunderts, als doppelte Stage mit einem gezurrten Auge angesetzt wurden, bestanden Stag und Borgstag aus einem Tau, d.h. sie hatten die gleiche Stärke. Abb. s. auch die letzten Kapitel.

Modellbau

Technisch bieten Borgstage für den Modellbauer keine bösen Überraschungen. Bei Groß- und Fockborgstag gibt es keine Zweifel. Bei allen anderen, höher liegenden Borgstagen, sollten Sie sich allerdings auf Ihren *optimalen* Plänen versichern, ob sie vorhanden und wie sie geführt wurden.

Stagschwichtung mit Spreizlatten.
Gefangenenmodell (aus Knochen) einer englischen Fregatte mit 44 Geschützen um 1820. (Modell in der United States Navel Academy, Annapolis/Maryland)

Stagschwichtung

In der zweiten Hälfte des 18. bürgerte es sich ein, Groß- und Großbrogstag sowie Fock- und Fockborgstag, zumindest auf Kriegsschiffen, mit einer Schwichtungsleine zu verbinden. Um Stag und Borgstag sauber auseinander zu halten, wurden vielfach 2 bis 3 kleine Spreizlatten eingesetzt.

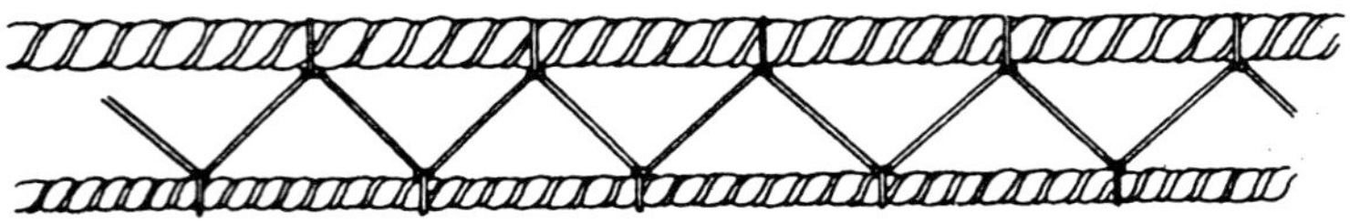

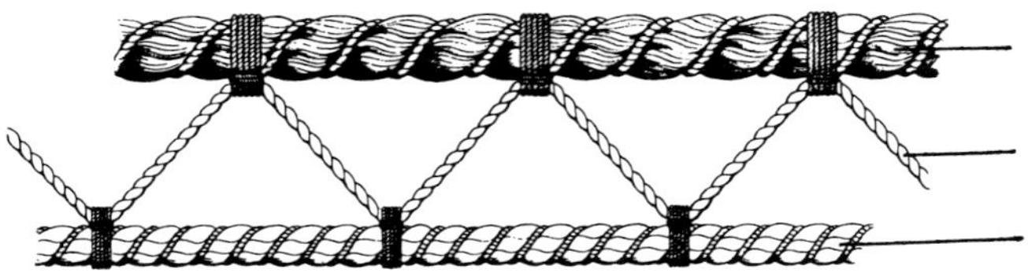

Stagschwichtung:
Oben vor 1770.
Links nach 1770.
(Zeichnung von James Lees, Greenwich)
1. Stag, 2. Borgstag, 3. Schwichtungsleine.

Der englische Dreidecker CALEDONIA von 1808 mit ausgewebten Groß- und Fockstagen nebst Spreizlatten.
(Gefangenenmodell aus Knochen in London, Science Museum)

Backstage

Von der Antike bis ins 15. Jahrhundert war ein Wanten-Paar sogar bis zum Heck gespannt. Von Schiffshistorikern werden diese Taue oft als „Backstage“ bezeichnet, obwohl sie eigentlich auch nur Wanten (s. auch Kapitel Wanten) waren (s. auch Bd. 8 Taue, Blöcke und Segel S. 9).
In der Antike spielten sie ebenso im Mittelmeer wie im Norden offenbar eine wesentliche Rolle – der Winddruck kam schließlich von achtern.

Karthagisches Kriegsschiff mit gut sichtbarem Backstag.
(Römisches Mosaik aus dem 1. Jahrhundert im Musée du Bardo, Tunesien)

Die Mora, das Flaggschiff Herzog Wilems von der Normandie bei seiner Invasion Englands 1066 mit deutlich sichtbaren (eventuell sogar doppelten) Backstagen.
(Stickerei im Musée de la Tapisserie de la Reine Mathilde in Bayeux)

Ältestes Siegel von Winchelsea aus dem 13. Jahrhundert, eines der schönsten Beispiele mittelalterlicher Prägekunst.
Am Backstag klettert ein Matrose zum Masttopp hinauf.
(Zeichnung von Werner Zimmermann, Augsburg)

Auf fast allen Siegel-Abbildungen des 12. und 13. Jahrhunderts sind sie zu finden, ebenso wie noch auf Abbildungen bis ins 15. Jahrhundert hinein.
Backstage wurden immer doppelt gefahren und entweder an den Bordwandseiten des Achterschiffes, später am Ende des Heckkastells festgemacht.
Um 1450 verschwanden sie für immer.

Sprietmast-Backstag

So lange im 17. und frühen 18. Jahrhundert ein Sprietmast gefahren wurde, war es notwendig, diesen nach achtern abzustützen.
Wie auch beim Vorstengestag gab es hier äußerst zahlreiche Variationen, die nicht nur zeitlich und von Land zu Land, sondern manchmal von Schiff zu Shiff wechselten.
Das Prinzip beruhte auf einer Kombination von Hahnepoten und Taljen, die teils stehend, teils laufend am Vorstengestag (gelegentlich auch Fockstag) angesetzt waren.
Das Spietmast-Backstag wurde mir einem gezurrten oder gespleißen Auge (stets ohne Maus) an der Sprietmastsaling angesetzt und fuhr von dort nach achtern.

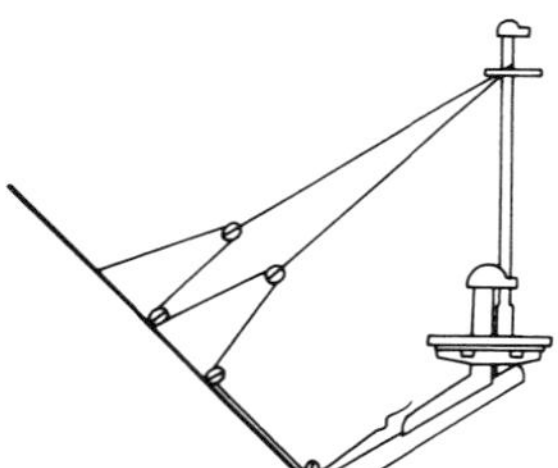

holländisch 1615

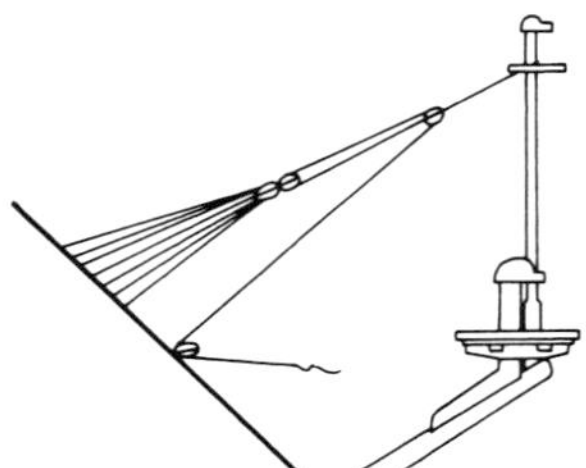

italienisch 1620

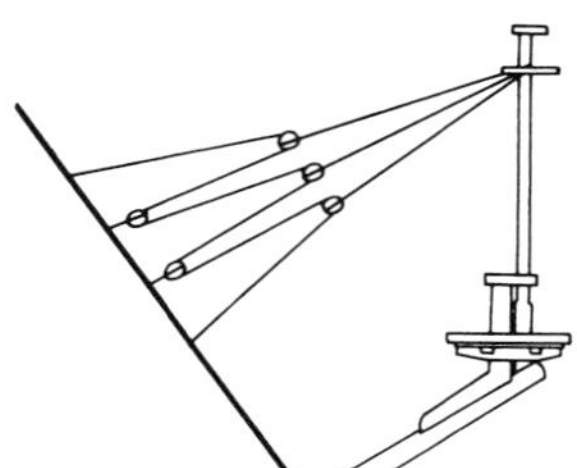

englisch 1620

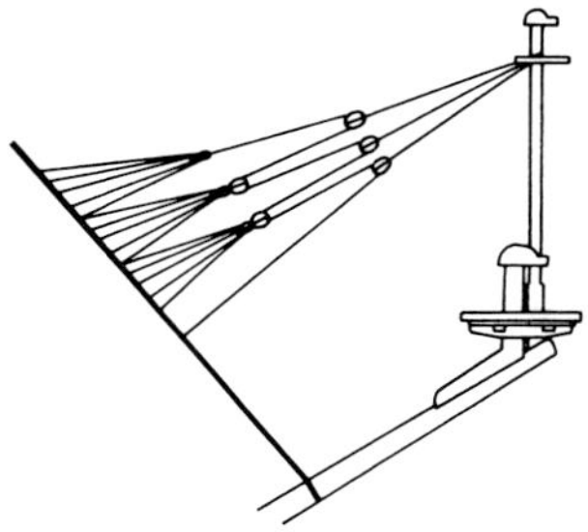

*holländisch/
französisch 1630/40*

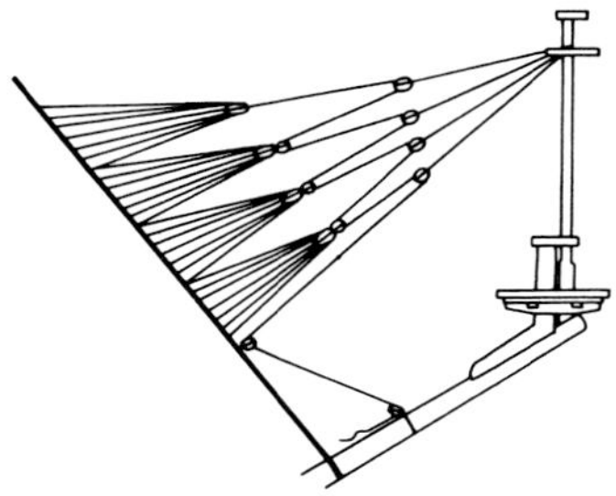

englisch 1640

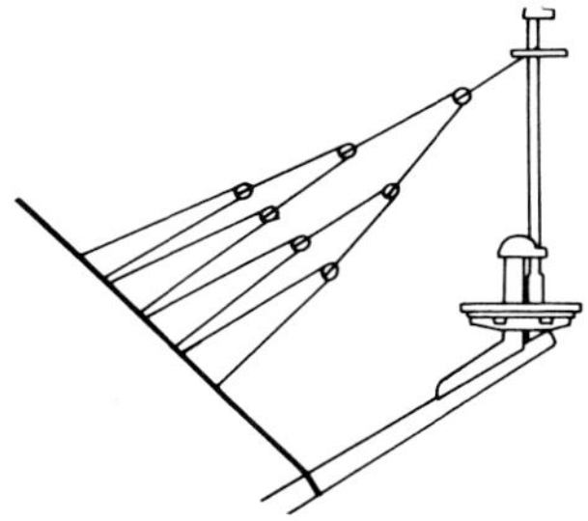

dänisch 1650

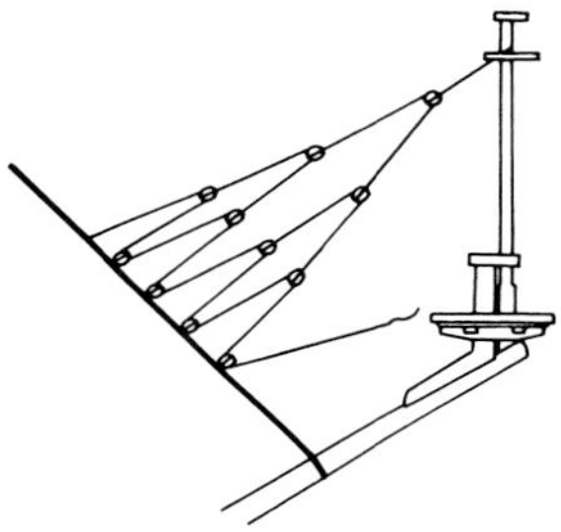

englisch 1670

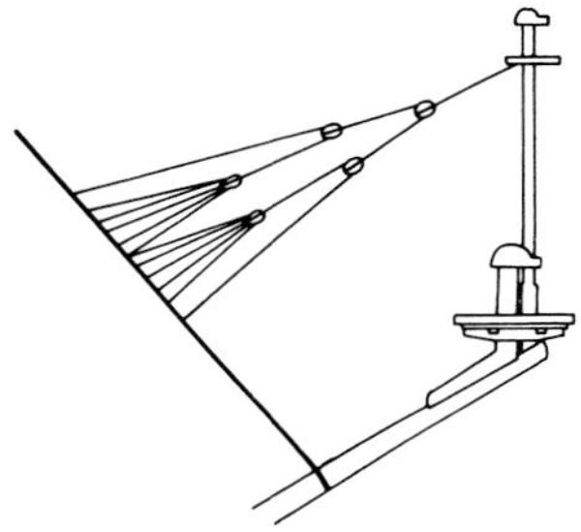

holländisch 1670

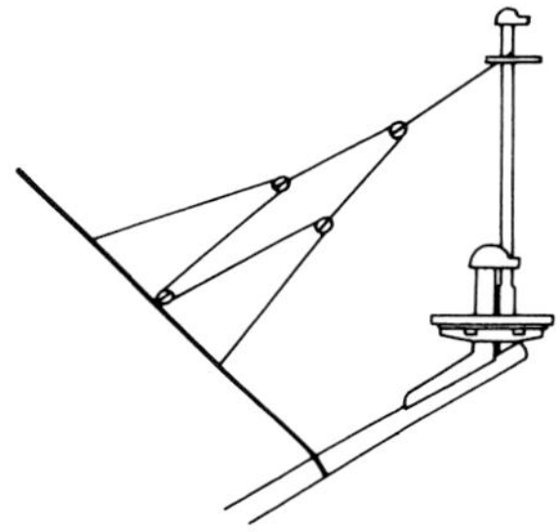

deutsch 1675

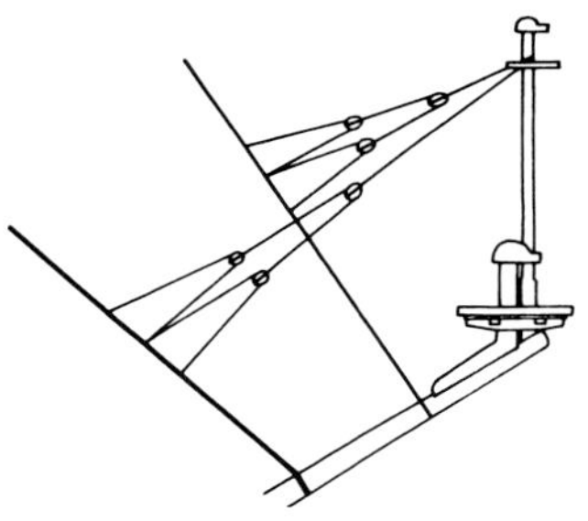

holländisch 1680

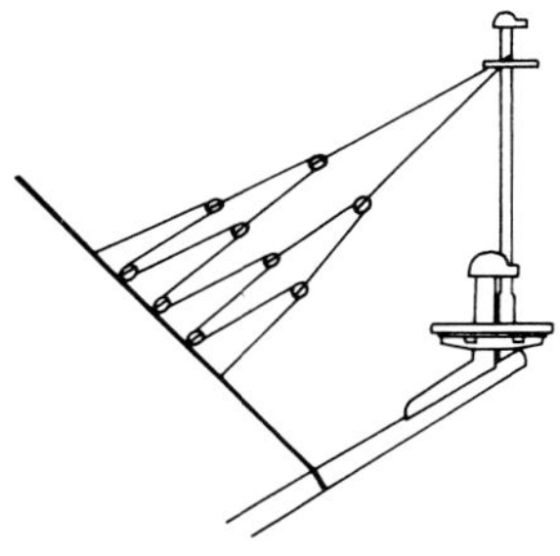

deutsch1680, russisch 1700

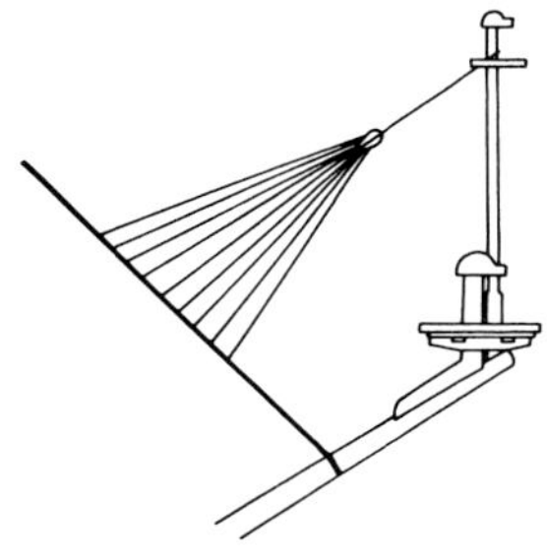

spanisch 1690

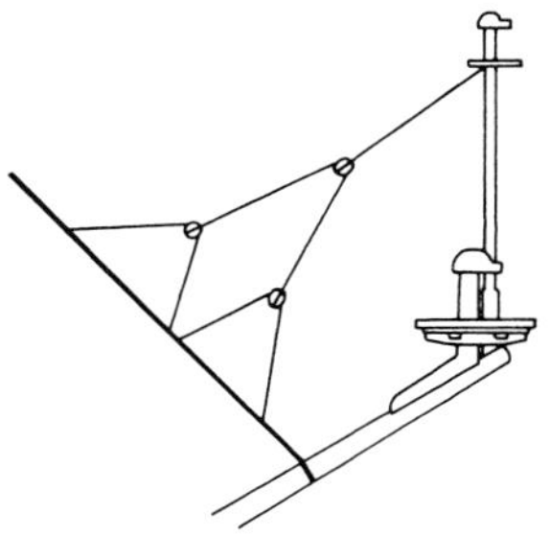

*französisch/
schwedisch 1690*

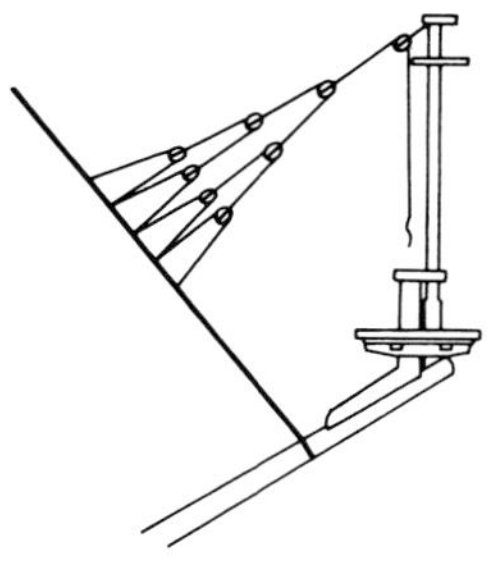

englisch 1700

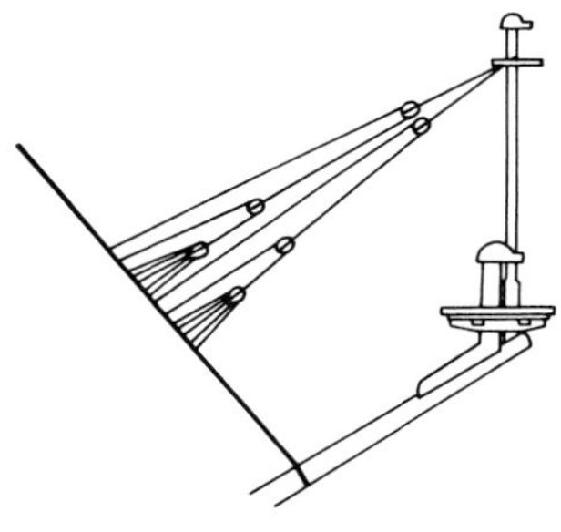

holländisch 1700

Beispiele (keineswegs vollständig) für Sprietmast-Backstage im 17. Jahrhundert.

Die laufende Part (so vorhanden) wurde über den letzten Block der Kombination und teilweise über einen Leitblock am Bugspriet zu einer Klampe am Bugspriet geführt und dort belegt.
Mit dem Verschwinden des Sprietmastes um 1720 verschwand auch dieses Backstag.

Wie beim Ansetzen des Forstengestags sollen Ihnen die beigefügten Zeichnungen – ohne Anspruch auf Vollständigkeit! – einen Eindruck vermitteln, was da alles so möglich war. Und sie sollen Ihnen die Möglichkeit geben, die Richtigkeit Ihrer Pläne zu überprüfen und notfalls zu korrigieren, da auch hier etliche Plänezeichner oft recht sorglos die erstbeste Form einzeichnen, die sie irgendwo gefunden haben.

Modellbau

Das Takeln des Sprietmast-Backstags ist eine etwas kniffelige Angelegenheit. Gar nicht so sehr wegen der oft recht komplizierten Tauführung – solche sind einem Modellbauer längst vertraut – sondern weil hier ein Zug tatsächlich nur in *einer* Richtung, acherwärts, wirkt, denn Sprietmasten haben ja keine Stage. Trotzdem muss das Spriet-Bakstag steif stehen, wie man das von allem Stehenden Gut erwartet.
Doch keine Angst! Wenn der Sprietmast witklich stabil (eventuell mit den paar wenigen Graden nach vorne geneigt) eingebaut ist (s. auch Bd. 7 MASTEN UND RAHEN Kap. Sprietmast), wenn das Fockstag bzw. Fockstengestag wirklich straff gespannt ist, so müssen Sie da kaum üble Überraschungen erwarten!

Was die, von mir ach so *geliebten*, Fundamentalisten gerne bemängeln, ist, wenn sich das Vorstengestag, dem Zug des Sprietmast-Backstags folgend, ein wenig nach vorne durchbiegt. Sofern diese Herrschaften jemals ein Modell mit Sprietmast gebaut haben – die Mehrzahl sind reine Theoretiker, die nur ganz genau wissen, wie man ein Modell zu bauen habe! – so raten sie, die entsprechenden Stage mit flüssigem Sekundenkleber so dick einzuschmieren, dass sie wie Bretter stehen. Und wie so oft sind jene auch diesmal im Unrecht, denn historisch-original bog sich das Stag tatsächlich und zwangsläufig ein wenig nach vorne durch!
Das heißt natürlich nicht, dass das Stag einen *Katzenbuckel* machen darf! Im Klartext heißt das: 3 % Biegung, das wären 3 mm auf je 10 cm Staglänge gehen voll in Ordnung. Mehr ist freilich von Übel, dem man mit einem nochmaligen Nachspannen des Stags in aller Regel begegnen kann (Achtung: Zugausgleich!).

Diese Regel gilt übrigens für *alle* Taue des Stehenden Gutes, an denen irgendwelche anderen Taue angesetzt sind!

Ein *echtes* Problem haben Sie, wenn das Topp des Sprietmastes nach hinten aus der Senkrechten gezerrt wird.
In der Regel hilft es, das Backstag ein bisschen lockerer zu setzen. Hilft das nicht, dann bleibt Ihnen wirklich nur die Möglichkeit den Sprietmast abzumontieren und nochmals optimal einzubauen …!

Stichwort „lockerer setzen“: das Bugspriet-Backstag zählt nun einmal zum Stehenden Gut, das prinzipiell „steif“ gesetzt werden muss. D.h. ein „Durchschlappen“ der Taue ist *niemals* genehmigt!
Aber: es muss ja auch nicht bis zum äußersten gespannt sein! In der Vitrine, in der Ihr Modell einst stehen soll, herrscht ja kein Sturm oder gar Orkan, sondern doch wohl eher „ruhiges Wetter“ ...!
Das ist die „etwas kniffelige Angelegenheit“, von der ich eben sprach.
Anders ausgedrückt: setzen Sie dieses Backstag so *hart* als nötig, und so *weich* als möglich!

Burgundisch-flämisches Navire um 1425 mit binnenbords angesetzten Wanten und Halbwanten, doppeltem Vorstag und Backstagen nach einer Abbildung aus den Chroniques von Jean Froissant um 1400 (s. auch S. 102).
(Modell von Wolfram zu Mondfeld, Hohenfurch, im Deutschen Technikmuseum, Barlin)

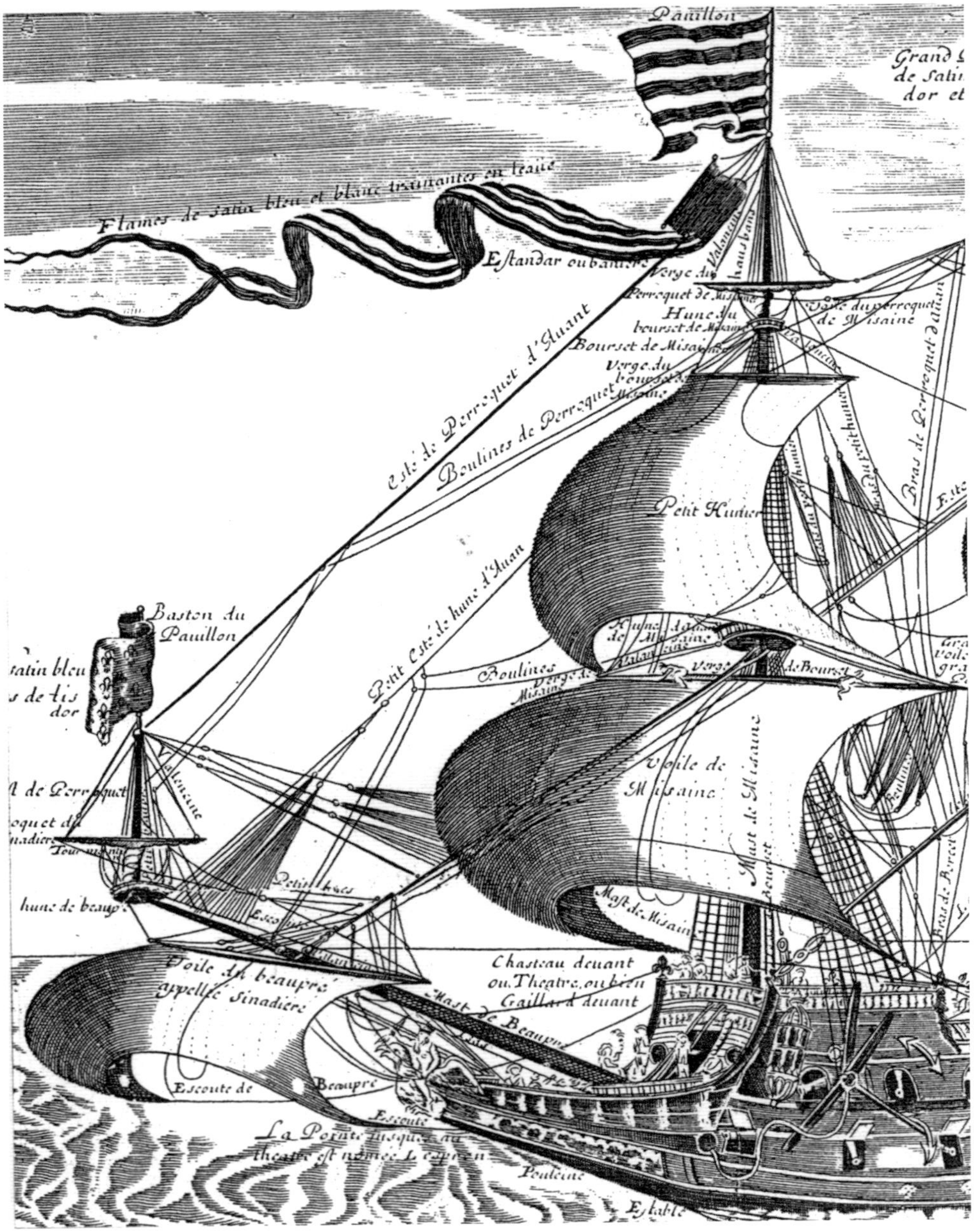

Die Hahnepoten von Vorstengestag und Sprietmastbackstag bildeten ein dekoratives Geflecht von Tauen. Das war zu jener Zeit nicht nur aus technischen, sondern auch aus ästhetischen Gründen durchaus so gewollt (komplette Abbildung S. 119). (Ausschnitt aus der DESPRIPION D'UN NAVIRE ROYAL von 1636 im Archiv der Bibliothèque Nationale, Paris)

Ausleger-(Papageienstock-)Geeren

Wenn, wie häufig vom 15. bis ins frühe 17. Jahrhundert – im Mittelmeer auf kleineren Fahrzeugen auch vielfach danach – der Besan- oder Bonaventurmast so weit achterwärts stand, dass das Achterliek des Besan- oder Bonaventursegels über das Heck des Schiffes hinausragte, mußte seine Schot an einem Ausleger angesetzt werden.

Dieser Ausleger selbst war mit zwei Geeren schräg abwärts nach beiden Seiten abgestützt, damit er sich nicht nach oben verbiegen konnte.
Die Ausleger-Geeren wurden mit einem gespleißten oder gezurrten Auge über die Nock des Auslegers geschoben und dann an steuerbords und backbords an Ringbolzen befestigt. Spannvorrichtungen mit Blöcken oder Jungfern waren eher selten und kamen allenfalls bei den größte Schiffen vor.

Modellbau:

Diese Taue können ebenfalls sofort fertig montiert werden, da ein Zugausgleich hier nicht nötig ist.

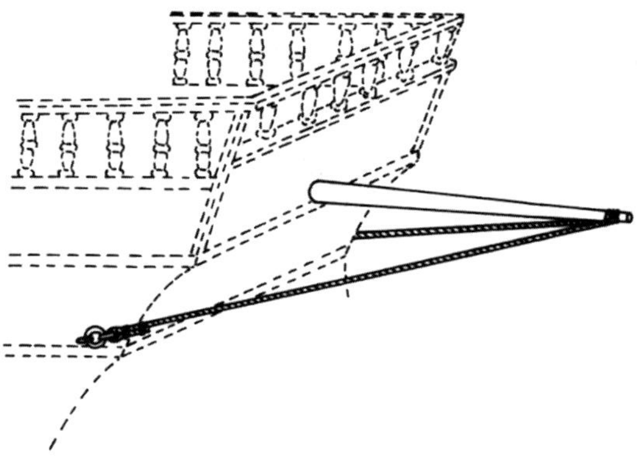

Ausleger- bzw. Papageienstock-Geeren im 15. bis 17. Jahrhundert.

Viele Schiffe im Mittelmeer und etliche Kleinfahrzeuge in Nordeuropa (s. Bd. 5 BOOTE UND KLEINFAHRZEUGE), aber auch Hilfsmasten in Nordeuropa fuhren mitunter noch im frühen 19. Jahrhundert (s z.B. Bd. 7 MASTEN UND RAHEN S. 24) zumindest provisorisch angebrachte, Papageienstöcke, die fraglos nach unten und den Seiten befestigt werden mussten. Wie das geschah, das war freilich allein der persönlichen Auffassung des jeweiligen Kapitäns überlassen – und ist damit im Modell dem logischen Sachverstand eines Modellbauers anheim gegeben.

Lateinisches Stehendes Gut

Das Stehende Gut von Masten, die ein Lateinersegel tragen, ist höchst simpel, allerdings so effektiv, dass sie noch teilweise heute – vor allem im arabischen Raum – gefahren wird.

Wanten

Sie wurden mit einem „Mastwurf" am Masttopp befestigt und vielfach zusätzlich dort noch mit einer Tauwuling gesichert.
Die Stärke betrug in etwa die selbe, wie sie an einem vergleichbaren „nordisch" getakelten Mast verwendet wurde.

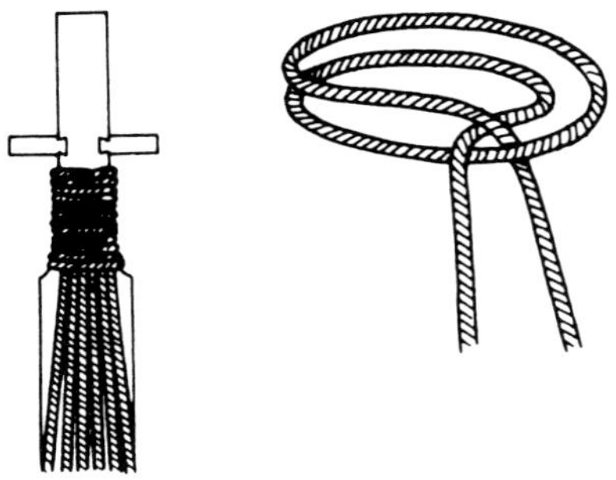

Mastwurf, die im Mittelmeer bevorzugte Methode Wanten am Masttopp zu befestigen. Oftmals noch mit einer Zurring unmittelbar darunter am Mast gesichert.

Für ihre oft recht unterschiedliche Anzahl und Länge gibt es keine irgendwie erkennbare Regel. Ich vermute, dass man da ganz einfach Taue passender Stärke benutzte mit einer Länge, wie sie eben zur Hand war.
Derartige *Beliebigkeit* ist eigentlich typisch für das Mittelmeer und den arabischen Raum. War der Kapitän, der letztlich ja für die Sicherheit des Schiffes verantwortlich war, zufrieden mit der entsprechenden Stabilität, so war es gut – anderenfalls wurde eben noch ein weiteres Tau/Taupaar angesetzt ...

Für den Modellbauer hat dies den unbestreitbaren Vorteil, dass er, wenn er sich nur an die Grundregeln hält, gar nichts *falsch machen kann*!

Am unteren Ende der Wanten wurde ein Block (zweischeibig oder auch Violinblock) eingebunden oder mit einem Haken angehängt. Häufig auch mit einem Knebel, obwohl dieser von Deck aus gar nicht erreichbar war.

Püttings

In der Regel bestanden die Püttingseisen aus Ringen, die im Wassergang angesetzt waren.
Generell wurden Püttings lateinischer Takelungen binnenbords angesetzt, selbst wenn ein Mast „nordisch" quer getakelt war. Natürlich gab es da ebenfalls Ausnahmen nach dem Prinzip der Beliebigkeit bzw. Meinung des Kapitäns, die außenbords angesetzt waren, doch sie waren eher selten.

An diesem Eisen wurde ein kurzes Taustück angestroppt, das oben in einen Schlaufe endete. Der untere Block des Wants war ebenfalls in ein kurzes Taustück eingebunden, das seinerseits unten mit einer Schlaufe versehen war. Diese beiden Taustücke wurden dann mit einem Knebel verbunden.

Knebel

Der mediterrane Raum *liebte* Knebel – auch da, wo sie eigentlich völlig unsinnig waren.
Der ursprüngliche Zweck war, Taue schnell und problemlos teilen und wieder zusammenfügen zu können, etwa wenn das Segel „umgeschiftet" oder mit seiner Spitze nach vorne (s. auch Bd. 8 TAUE, BLÖCKE UND SEGEL S. 75) gestellt werden sollte.
Die Idee des „Umschiftens" hielt sich seit der Antike zäh im Mittelmeer. Auch dann noch, als die Lateinerruten samt Rack (s. Bd. 10 LAUFENDES GUT Kap. Rack)

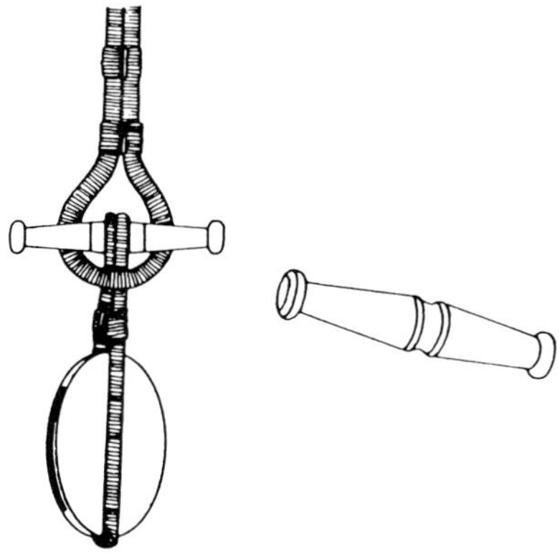

Mit Knebeln angesetzte Blöcke waren mediterran noch bis ins 20. Jahrhundert vielfach Tradition, auch wenn es schon längst nicht mehr üblich war, Wanten oder andere Taue teilen zu müssen.

Kleines lateinisch getakeltes Schiff, 2. Jahrhundert.
Die Ruten solcher kleiner Fahrzeuge konnten zweifellos noch umgeschiftet werden. (Grabstele des Alexandros, Sohn des Alexandros, aus Milet im Nationalmuseum in Athen)

Umschiften einer lateinischen Rute war nur auf kleinen Schiffen möglich. (Zeichnung von Björn Landström, Stockholm)

längst zu groß und zu schwer für solch ein Manöver waren. Seit spätestens Mitte des 16. Jahrhunderts war dies, allenfalls auf kleinen Booten (s. Bd. 5 BOOTE UND KLEINFAHRZEUGE und Bd. 11 ALLERLEI EXOTEN), zwar kaum noch gebräuchlich, doch die traditionellen Knebel hielten sich zäh, teilweise bis in unsere Tage.

Taljen

Der obere und untere Wantblock wurden mit einer Talje (50 % des Wants) verbunden und an meist einer Klampe am Schanzkleid belegt.

Jungfern

Bei „nordisch" quergetakelten Segeln setzten sich im 16. Jahrhundert Jungfern durch, die allerdings im Normalfall ebenfalls binnenbords angesetzt waren – so schnell lässt man eben von lieb-gewonnenen Traditionen nicht ab.

Bis weit ins 16. Jahrhundert bevorzugte man im Mittelmeer auch bei rahgetakelten Masten vielfach Blöcke anstelle von Jungfern. Auf diesem portugiesischen Schiff fährt z. B. der Großmast 15 Wantenpaare, die binnenbords mit Blöcken angesetzt waren. (Zeichnung nach einer spanisch-maurischen Schale Mitte des 15. Jahrhunderts im Victoria-and-Albert-Museum in London)

Webeleinen

Generell hielt man von ihnen im mediterranen Raum zunächst gar nichts.

Lateinerruten, samt ihren Segeln, wurden grundsätzlich, um Segel an- oder abzuschlagen oder diese mit Reffen kürzen zu können, an Deck herunter gefiert. Das war in der Antike schon so. Das ist heute noch so, sofern man noch Lateinersegel fährt.
Wozu also Webeleinen für Matrosen? Damit sich diese bequem die Flagge angucken können?
Die mit in der Regel mit Blöcken in den unterschiedlichsten Höhen angesetzten Wanten standen Webeleinen ohnehin allenfalls im Weg.
Bei einer *Lateinertakelung* wären Webeleinen also blanker Unsinn gewesen.

Die spanische Schebecke CAZADOR aus dem 18. Jahrhundert mit klassischer Lateinertakelage, d. h. Wanten mit Blöcken binnenbords angesetzt und keine Stage – der Bugspriet diente der Führung des Focksegels, das „Vorstag" lediglich der Führung eines Vorsegels. (Nahezu optimales Baukastenmodell der Firma OCIO CREATIVO in Mararó-Barcelona)

Und bei einer „nordischen" Querrahtakelungen?
Auch hier setzte man die Wanten bis weit ins 16. Jahrhundert sehr viel lieber mit Blockzügen als mit Jungfern an, was Webeleinen unmöglich machte.
Erst im späten 16. Jahrhundert wurden Jungfern im Mittelmeer breiter akzeptiert – zumindest für Querrahen, und damit eben auch für entsprechend gesetzte Wanten nebst Webeleinen.
Für den gewöhnlich lateinisch getakelten Besanmast (bis ins frühe 18. Jahrhundert) postulieren etliche Schiffbauexperten ebenfalls die Möglichkeit die entsprechende Rah/Rute „umschiften" zu können. Fraglos war das entsprechende

Die lateinische Takelage blieb bis ins 19. Jahrhundert unverändert. Sie ist es heute noch, dort wo sie gefahren wird, etwa auf arabischen Daus.
(Gemälde des sardischen BOVO VELOCE im Bildarchiv Antichita´ belle Arti e storia in Genua)

Spanische Karavelle aus der Mitte des 16. Jahrhunderts. Groß-, Besan- und Bonaverturmast sind traditionell lateinisch getakelt. Der Fockmast hingegen „nordisch" samt Webeleinen. (Kopie des Autors nach einem originalen Holzschnitt aus dem 16. Jahrhundert)

Der französische Polacker MISTIQUE aus dem 18. Jahrhundert.
Der Fockmast ist traditionell lateinisch getakelt. Bugspriet und Vorstag dienen ausschließlich der Möglichkeit, ein Vorsegel zu setzen. Groß- und Besanmast sind „nordisch", auch mit Webeleinen getakelt. Allerdings sind die Wanten, wie im Mittelmeer traditionell, binnenbords gesetzt.
(Ein tadelloses Baukastenmodell der Firma COREL in Mailand)

Rack, etwa im 17. Jahrhundert, noch nach mediterranem Vorbild gebaut (s. Bd. 10 LAUFENDES GUT Kap. Rack), doch ein „Umschiftern" war wegen der Länge und dem Gewicht der Rute faktisch unmöglich.

Stage

Stage gab es bei lateinisch getakelten Masten grundsätzlich nicht! Sie hätten allenfalls die Führung des Segels behindert.
Ein entsprechender Mastfall nach vorne konnte ein fehlendes Stag durchaus ausgleichen.

Zudem wurden nahezu immer das erste und oft auch das zweite Wantenpaar vor die Mitte des Mastes gesetzt und bildeten so eine Abstützung des Mastes bugwärts.
Auf manchen Abbildungen des 17. bis 19. Jahrhunderts sieht es so aus, als wäre der Fockmast mit einem Stag ausgerüstet, um ein Vorstagsegel fahren zu können. Schaut dann aber genau hin – und ein Modellbauer sollte dies unbedingt tun! – so erkennt er, dass es da gar kein Stag gibt, sondern dass das Segel „fliegend“ gefahren wurde.

Sonstiges Stehendes Gut

Ausleger am Heck wurden oft bereits im 15. Jahrhundert benutzt. Entsprechende Geeren nach seitlich-unten ebenso. Dies muss auch für Schiffe des Mittelmeeres angenommen werden.
Im 18. Jahrhundert wurde mitunter ein Bugspriet eingeführt. In wie weit dieser mit einem Wasserstag oder mit Seitengeeren abgestützt wurde, blieb dem *Empfinden* eines Kapitäns überlassen – die Regel war dies wohl fraglos eher *nicht*.

Französische Kriegs-Tartane im 19. Jahrhundert.
Bei allen „mordernen“ Neuerungen behielten lateinisch getakelte Masten vielfach bis ins 19. Jahrhundert ihre traditionelle Takelform bei. Mehr dazu z. B. in Band 1 MODELLE UND VORKENNTNISSE, *S. 78 bis 90.*

Firmenliste

Für diesen Band besonders relevante Firmen (die Anschriften s. auch Bd. 2 MATERIAL UND WERKZEUG S. 156 ff).

„aero-naut“-Modellbau
Vor allem für Blöcke, Jungfern, Klampen und andere Beschlagteile äußerst interessant.

Ackerman
Die Garne unter dem Markennamen „Rasant“ in den verschiedensten Stärken sind optimal für dünne und dünnste Taue. Leider vielfach nur im Spezialhandel unter Schwierigkeiten zu bekommen – doch Beharrlichkeit lohnt sich da!

Citadel-Colour
Ideal zum Färben von Blöcken usw. selbst wenn diese aus Kunststoff sind.

Graupner
Liefert die eindeutig besten Modelltaue, auch wenn diese natürlich noch entsprechend eingefärbt werden müssen, und ausschließlich rechts geschlagen sind.

Gütermann
Stellt Nähseiden in jedem gewünschten Farbton her.

Henkel
PONAL ist „das“ Klebemittel für Textilien wie etwa zur Sicherung von Zurrings.

Krick
Ebenfalls ein hervorragender Lieferant für Blöcke und dergleichen.

UHU
Im Bereich Klebstoffe ist diese Firma nahezu legendär.

Links geschlagene Taue und allerlei Sonderformen von Blöcken sind wohl das alleinige Vorrecht von extrem guten Modellbauern in Eigenherstellung …

Bildnachweis

Amsterdam, Nederlandsch Historisch Scheepvarts Museum: 74, 116
Amsterdam, Nicolaes Witsen 1671: 117
Annapolis Maryland, U.S. Naval Academy Museum: 11, 155
Athen, Nationalmuseum: 165
Augsburg, Werner Zimmermann: 46, 68, 69, 97, 101, 128, 158
Barcelona, Constructio Modelismo: 107, 108, 109
Barcelona, Museo de Arte Cataluña: 97
Bardo, Musée du Bardo: 157
Bayeux, Musèe de la Tapesserie de la Raine Mathilde: 61, 157
Beirut, Nationalmuseum: 68
Bergen, Mariakirken: 40
Berlin, Deutsches Technikmuseum: 9, 47, 99, 161
Berlin, Staatliche Museen Preußischer Kulturbesitz: 103
Bourges, Hôtel des Jacques Coeur: 102
Dasing, Peter Holz (s. auch Berlin, Deutsches Technikmuseum): 118
Genua, Anchitita´ belle Arti e storia: 169
Glasgow, Glasgow Herold: 16
Grenoble/Paris, Jean Bourdriot (Zeichnungen des Verfassers nach): 58, 59, 112, 121, 130, 140, 147
Gütersloh, Robert Salemke: 52
Innsbruck, Weisskunig: 86
Haifa, National Maritime Museum: 127
Haburg, J. H. Röding, Allgemeines Wörterbuch der Marine: 65
Herford, Gebhard Kammerlander: 9
Hohenfurch, Wolfram zu Mondfeld (s. auch Berlin, Deutsches Technikmuseum): 47, 99 (Foto C. Kichner), 118, 141 (Foto S. Spoden), 161 (Foto C. Kirchner).
Alle Zeichnung und Abbildungen, so nicht anders angegeben, und Layout.
Kairo, Ägyptisches Museum: 125
Knittlingen, Klaus Krick Modellbautechnik: 28, 52
Le Bardo, Musée de Bardo: 157
London, Britisch Museum: 10
London. G. Nares: 44
London, Science Museum: 24, 26, 30, 35, 75, 78, 154, 156
London, Victoria-and-Albert-Museum: 167
London-Greenwich, Frank Howard: 112
London-Greenwich, Brian Lavery: 89, 111, 112
London-Greenwich, James Lees: 134, 135, 139
London-Greenwich, National Maritime Museum: 37, 42, 64, 146,
Malta, Soverano Militare Ordine: 104
Mataró-Barcelona, Ocio Creativo: 168
Mailand, Mantua Model: 33, 39, 106, 107, 109
Mailand, Corel: 82, 93, 108, 147, 170
Marseille, Chambre de Commerce et d´Industrie: 66
Montrose/Victoria, Karl Heinz Marquardt: 43, 60, 121, 148, 149, 150, 152
München, Staatsbibliothek: 62
Nürnberg, Hartmann Schedel 1493: 103

Oxford, Ashmolean Collection: 74
Padua, Basilika St. Antonio: 86
Paris, Bibliothèque Nationale: 102, 119, 162
Paris, Musée de la Marine: 120
Poole/Dorset, Ray Woodward: 63
Reutlingen, aero-naut Modellbau: 83, 138
Rom, Museo Torlonia: 127
Rostock, Wolf-Dietrich Wagner in Der holländische Zweidecker 1660/1670: 71, 72, 73, 91, 153
Roterdam, Maritime Museum „Prinz Hendrik“: 117
St. Francisco, National Maritime Museum: 64
Stockholm, Björn Landström: 125, 166
Ulm, Ritter Bernhard von Breydenbach, Perigration im Terram Sanctam 1486: 61
Ulm, Ulrich Frank: 62
Ulm, Schildberger, Eine wunderbarliche und kurzweilige History: 87
Vejen, Billing Boats: 31
Venedig, Timbotta di Modena Traktate: 88
Wien, Kunsthistorisches Museum: 67

?, Foto Holger Leue und Michael Hohmann: 38
?, Meister WA: 98
?, Die Arc Royal von 1588 (Stich vermutlich in London-Greenwich, National Maritime Museum): 115

Enzyklopädie des historischen Schiffsmodellbaus

von Wolfram zu Mondfeld / Barbara zu Wertheim (Hrsg.)

Bereits erschienene Bände:

Band 1
Modelle und Vorkenntnisse

Umfang 120 Seiten
Abbildungen 133
Best.-Nr. 50-01
Preis € 16,80 [D]

Band 2
Material und Werkzeug

Umfang 160 Seiten
Abbildungen 394
Best.-Nr. 50-02
Preis € 22,– [D]

Band 3.1
Der Rumpf

Umfang 220 Seiten
Abbildungen 520
Best.-Nr. 50-3.1
Preis € 29,80 [D]

Kombi-Angebot:
Band 3.1 und Band 3.2
Best.-Nr. 50-03
Preis € 56,– [D]

Band 3.2
Der Rumpf

Umfang 212 Seiten
Abbildungen 530
Best.-Nr. 50-3.2
Preis € 29,60 [D]

Band 7
Masten und Rahen

Umfang 216 Seiten
Abbildungen 760
Best.-Nr. 50-07
Preis € 29,70 [D]

Band 8
Taue, Blöcke und Segel

Umfang 152 Seiten
Abbildungen 570
Best.-Nr. 50-08
Preis € 21,40 [D]

Band 9
Stehendes Gut

Umfang 176 Seiten
Abbildungen 462
Best.-Nr. 50-09
Preis € 24,50 [D]

Übersicht

Band 1
Modelle und Vorkenntnisse
(lieferbar)
Band 2
Material und Werkzeug
(lieferbar)
Band 3.1 und 3.2
Der Rumpf ***(lieferbar)***
Band 4
Die Ausrüstung
Band 5
Boote und Kleinfahrzeuge
Band 6
Sichtbare Schiffsmaschinen
Band 7
Masten und Rahen
(lieferbar)
Band 8
Taue, Blöcke und Segel
(lieferbar)
Band 9
Stehendes Gut ***(lieferbar)***
Band 10
Laufendes Gut
Band 11
Allerlei Exoten
Band 12
Flaggen, Lexikon
und Nachträge

Natürlich vom NV

Neckar-Verlag GmbH • www.neckar-verlag.de
Tel. +49 (0)77 21 / 89 87 -38 /-48 • bestellungen@neckar-verlag.de

Arbeitskreis historischer Schiffbau e.V.

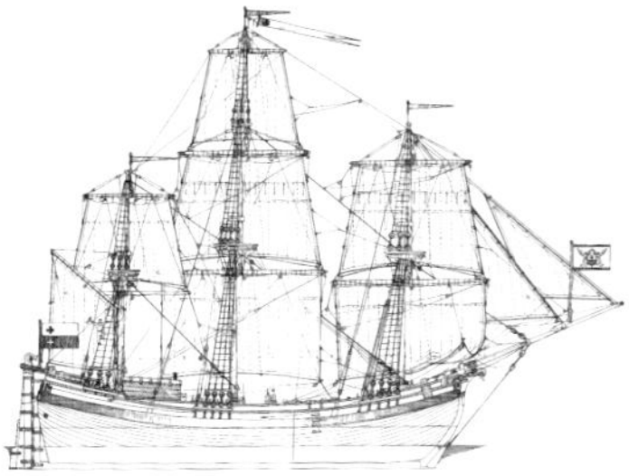

Gerhard Salemke

Galiot von 1738

DIE STADT ELBING

2., überarbeitete Auflage mit Hinweisen zum Modellbau. Format DIN A4, geheftet, 38 Seiten mit 11 sw-Fotos, Detailzeichnungen und Übersichtsplänen, 4 Faltpläne 1:50. Sonderdruck 2003.

Preis:	**€ 22,–**	+ Porto
für Mitglieder:	**€ 16,–**	+ Porto

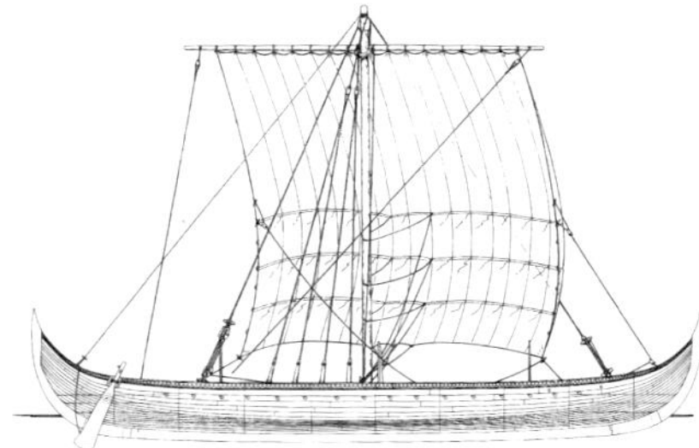

Werner Dammann

Das Gokstadschiff

und seine Boote

3., überarbeitete Auflage. Format DIN A4, gebunden, 76 Seiten mit 6 Fotos, zahlr. Detailzeichnungen, 8 Faltpläne: Gokstadschiff (1:50), Gokstadboot 1 (1:20), Gokstadboot 3 (1:20), Rundhölzer des Gokstadfundes (1:20). Sonderdruck 2010.

Preis:	**€ 26,–**	+ Porto
für Mitglieder:	**€ 18,–**	+ Porto

Probe-LOGBUCH für € 5,-
und Informationen bei:
Siegfried Borgschulze
Marderweg 90
59071 Hamm

Buchbestellung und
Anmeldung als Mitglied bei:
Bernd Ahles
Brunckstraße 37a
67133 Maxdorf

Werden Sie Mitglied

für 42 Euro* pro Jahr
und freuen Sie sich alle 3 Monate auf Ihre
Zeitschrift für Schiffbaugeschichte
und Schiffsmodellbau.

Besuchen Sie uns im Internet:
www.arbeitskreis-historischer-schiffbau.de

*Schüler, Studenten € 21,- ; Rentner € 32,-

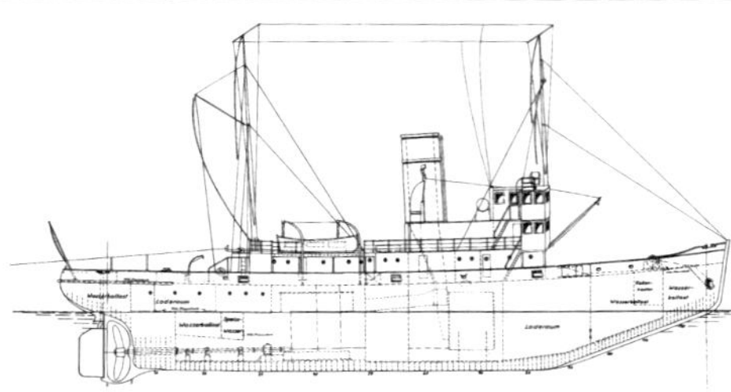

Dirk Nottelmann · Lothar Wischmeyer

Dampfeisbrecher

STETTIN

Format DIN A4, geheftet, 74 Seiten mit 98 Schwarz-Weiß-Abbildungen sowie 18 Detail- und Konstruktionszeichnungen, 4 Faltpläne 1:100. Sonderdruck 2003.

Preis:	**€ 15,–**	+ Porto
für Mitglieder:	**€ 10,–**	+ Porto